U0264223

致密砂岩气藏
储层精细描述与开发技术

常 鹏 李 锋 王 力 ◎著

中国石化出版社

·北京·

图书在版编目（CIP）数据

致密砂岩气藏储层精细描述与开发技术 / 常鹏，李锋，王力著 . -- 北京：中国石化出版社，2025.3.
ISBN 978-7-5114-7870-2

Ⅰ. P618.130.8；TE343

中国国家版本馆 CIP 数据核字第 20252TK506 号

中国石化出版社出版发行
地址：北京市东城区安定门外大街 58 号
邮编：100011　电话：（010）57512446
发行部电话：（010）57512575
http：//www. sinopec-press. com
E-mail：press@ sinopec. com
北京科信印刷有限公司印刷
全国各地新华书店经销
*
710 毫米 ×1000 毫米　16 开本　7.5 印张　142 千字
2025 年 3 月第 1 版　2025 年 3 月第 1 次印刷
定价：98.00 元

编　委　会

主　任：常　鹏　李　锋　王　力

委　员：曹朋亮　康　宁　梅华平　冉　辉

方　磊　魏举行　王彦良　夏　阳

韩　炜　孙钰涵　张海均　张紫阳

雷国发　李　鹏　马鹏举　于苏浩

李兵刚　候英杰　郑浩权　杨亚军

刘　智　郭爱军　成育红　康立新

刘昌富

前言

致密砂岩气作为一种重要的全球非常规油气资源，因其开发潜力巨大，近年来已成为油气勘探开发研究的热点。然而，与常规储层开发研究相比，由于致密砂岩气储层普遍具有物性差、非均质性强、沉积与砂体展布规律不明确，以及有利区"甜点"预测困难等特点，导致其更具挑战性和探索价值。

储层精细描述是对储层宏观与微观特征进行的一项综合研究。在宏观方面，主要从储层的形成及演化出发，探讨沉积作用、构造特征等地质控制因素；在微观方面，则着眼于储层的矿物组成、孔隙结构、储存流体特性及成岩作用等内部特征。在沉积相分析、成岩作用研究及微观孔隙特征刻画等多项研究的基础上，结合定性与定量分析方法，综合评估储层特性。

目前，国内外学者对常规油气藏储层描述已建立较为成熟的体系，从沉积特征、物性参数到岩石学及孔隙结构，广泛采用了孔隙度、渗透率、砂层有效厚度、含气饱和度、地层压力等综合参数进行分类与评价。然而，对于致密砂岩气储层，因其地质条件复杂、研究不确定性高，评价标准仍处于发展阶段。部分学者在传统评价方法的基础上，引入了启动压力梯度、可动流体饱和度等新参数，取得了一定成效；也有学者采用模糊数学和灰色关联方法，结合多地油气盆地特征，制定了储层评价标准。尽管如此，致密砂岩气藏的表征、分类在定量化和差异化研究方面仍有待进一步完善。

本书以鄂尔多斯盆地苏里格气田东区致密储层为主要研究对象，系统探讨了致密气藏储层精细描述的理论与技术。通过沉积相类型与分布规律的研究、砂体展布特征与储层物性的综合评价，逐步揭示了影响致密气藏储集特性的关键因素；通过对储层微观孔隙结构的深入研究，结合储层分类与成藏规律分析，系统归纳了有效储层的空间分布特征，并进行了定量评价。在此基础上，针对有效砂体的空间叠置规律、沉积环境的控制作用及储层物性与含气性的区域差异性进行了深入探讨，并对有利区的筛选标准进行了量化和区域化分析，力求实现储层精细表征与开发评价的紧密结合。

结合现有研究成果与实际地质特征，本书创新性地提出了适用于苏里格致密气藏储层的多维度精细表征技术，形成了一套致密气藏储层评价与开发的综合技术方法。这些技术方法不仅对苏里格气田的高效开发具有重要参考意义，也为国内类似致密砂岩气藏的开发提供了借鉴依据，具有广阔的应用前景与推广价值。同时，本书的研究成果对于推动致密砂岩气藏的可持续科学开发、提高资源利用率和延长企业生命力也具有重要意义。

在本书编写过程中，得到了国内多位业内专家、学者的大力支持，特别感谢中国石油长庆油田分公司各位领导、专家在本书编写过程中给予的悉心指导和无私帮助，感谢各位专业技术人员对本书相关内容给予的建设性意见。

由于笔者水平有限，书中难免存在不足之处，敬请广大读者批评指正。

目录

第1章

概述

　　鄂尔多斯盆地指阴山以南，秦岭以北，贺兰山以东，吕梁山以西的广大沙漠草原和黄土高原地区，面积约 $37 \times 10^4 km^2$，除了外围的河套、渭河、银川、六盘山断陷盆地，其本部面积约 $25 \times 10^4 km^2$，地理上横跨陕西、甘肃、宁夏、内蒙古、山西五个省（自治区）。现今的鄂尔多斯盆地，其构造形态总体上为东翼宽缓、西翼陡窄的不对称的南北向矩形盆地。盆地边缘断裂、褶皱较发育，而盆地内部构造相对简单，地层平缓，倾角一般不足 $1°$。盆地内无二级构造，三级构造以鼻状褶曲为主，很少见幅度较大、圈闭较好的背斜构造。

　　根据现今的构造形态、基底性质及构造特征，结合盆地的演化历史，可将鄂尔多斯盆地划分为六个一级构造单元，即北部伊盟隆起、西缘逆冲带、西部天环坳陷、中部伊陕斜坡、南部渭北隆起和东部晋西挠褶带。这种构造格局始于燕山运动时期，发展并完善于喜山运动时期。因此，鄂尔多斯盆地地质构造的发展演化必然与上述区域及构造单元密切相关，尤其是与古阴山褶皱造山带及秦祁造山带的形成演化密切相关，且承受了复杂的大陆内多期次造山及成盆作用。

　　鄂尔多斯盆地是一个多构造体系、多旋回演化及多沉积类型的大型克拉通叠合盆地。在大地构造单元上，其位于华北板块的西缘。整个盆地的构造演化经历了太古代—元古代的基底形成阶段、中晚元古代的大陆裂谷发育阶段、早古生代的陆缘海盆地形成阶段、晚石炭世—中三叠世的内克拉通形成阶段、晚三叠世—早白垩世的前陆盆地发育阶段和新生代的周缘断陷盆地形成阶段六大构造演化阶段。盆地主体除缺失中上奥陶统、志留系、泥盆系及下石炭统，地层基本齐全，沉积岩厚度约6000m。目前，在盆地内发现了下古生界、上古生界及中生界三套含油气层系。

　　地质综合研究结果表明：鄂尔多斯盆地古生界具有广覆型生烃、储集岩多层系发育、区域性封盖层广泛分布等诸多有利条件。苏里格气田位于鄂尔多斯盆地伊陕斜坡西北缘，地理位置为东接中国石化华北油气分公司大牛地气田，西达天环坳陷，北起杭锦旗，南至安边，东西宽度约200km，南北长度约200km，总面积约 $4 \times 10^4 km^2$，上古生界位于有利生烃中心，发育大面积展布的三角洲沉积砂体，并且在地质历史时期稳定下沉，区域封盖保存条件良好，有利于大型岩性气藏的形成与富集。

第 **2** 章

上古生界沉积相类型及特征

2.1 沉积背景及演化特征

沉积盆地的演化过程，是指在区域和局部不同构造环境下的沉积响应和沉积盆地的充填过程，罗志立等（1989）基于板块构造观点，认为鄂尔多斯盆地是华北板块的一部分，是华北板块西端的次级构造单元，它的演化过程主要受北侧的"古中亚洋盆"、南缘和西南缘的秦祁海槽及其派生的贺兰坳拉槽的扩张、俯冲、消减作用的控制（郑荣才等，2004）。鄂尔多斯晚古生代沉积盆地就是受这些区域构造格局的转变，以及南北构造在时间和空间上的差异的直接影响和控制，导致沉积体系丰富、旋回结构清晰、层序类型多样的盆地充填与演化特征。

根据构造演化、沉积特征和充填层序特点，鄂尔多斯晚古生代沉积盆地的发展可被认为主要经历了两个大的演化阶段，形成四种类型沉积盆地（郑荣才等，2004）。即晚石炭世本溪期—早二叠世太原期的以海相沉积为主的发展阶段，其中包括分布较广的陆表海盆地和西北缘的裂陷盆地。早二叠世山西期至晚二叠世石千峰期，为盆地演化的第二阶段，即以陆相沉积为主的发展阶段，包括早期的近海内陆湖盆和石盒子期开始的内陆坳陷盆地。两个演化阶段之间，即以太原期末盆地东西两侧边缘的抬升所形成的风化剥蚀作为盆地性质转化的关键性界面。

2.1.1 晚石炭世本溪期—早二叠世太原期陆表海盆地

1. 晚石炭世本溪期陆表海盆地

本溪期的陆表海盆地，是鄂尔多斯地区晚古生代的初始海盆，主要分布于盆地的东部和西部。海侵分别来自东西两侧的华北海和祁连海（西部海侵更早一些），以明显的平行不整合关系超覆于下奥陶统的风化夷平面之上。盆地中由于南北隆起以及中央隆起的存在，陆表海盆地范围不大，且被分割为互不相连的东西两个海域。在这些盆地中，地形相对平坦，海水深度不大，以陆表海的潮坪—潟湖相为主，是本区重要的含煤盆地之一。

2.早二叠世太原期陆表海盆地

早二叠世，天山—内蒙裂谷系的第一次拉张—挤压旋回结束，鄂尔多斯地区再次受到影响，形成北升南降的格局，造就了鄂尔多斯盆地，海相沉积不断向南超覆，而来自北缘隆起带的陆缘物质自北向南源源不断地涌入盆地中。在这样的区域海退的背景下，盆地中的沉积相展布特点，表现为在平面上三角洲相与潮坪相交错发育，在剖面上出现陆相碎屑岩、煤层与浅海相灰岩共存的特有的约代尔旋回，剖面上与平面上海相与陆相相互交错，导致这个时期陆表海盆地与本溪期陆表海盆地具有明显区别。在陆表海盆地中，中央隆起已没入水下，盆地范围扩大，全区连成一个整体，自北向南依次出现冲积扇—河流—三角洲平原及前缘—潮坪潟湖—浅海陆棚的有序排列，并不断向南缘超覆。

太原期末有一次短期的隆起暴露时期，特别是在盆地的东西两侧，造成了风化黏土层的出现，以及上覆地层与太原组顶部不同岩性层段的复杂接触关系，表明此时构造隆升和风化剥蚀作用存在，从此以后，海水基本退出本区，沉积类型转变为以陆相为主，碎屑物来源主要受北缘控制，并开始在南缘出现小型三角洲，这些特点标志着盆地性质的转变，即近陆表海盆地的结束和新的内陆坳陷盆地的开始。

2.1.2 早二叠世山西期至晚二叠世石千峰期近海内陆湖盆

这个时期是以陆相为主的沉积盆地演化阶段，由于气候条件由潮湿变为干燥，考虑到南北边缘构造活动的不平衡性，可进一步划分出3个盆地演化阶段。

1.早期（山西早期）

这一时期盆地为陆缘近海含煤盆地，岩石颜色以灰、灰黑色为主，东南缘保留了少数海相地层，属于陆缘近海盆地。

2.中期（山西晚期及下石盒子期）

以冲积扇—河流相为主，冲积平原分布面积大，湖相分布范围较小；中晚期（晚石盒子期及石千峰期）湖泊范围增大。在盆地不同位置，这一过程的表现也不同，在盆地北缘因受构造活动强烈的影响，陆缘碎屑供给充足，自北而南有序地分布着冲积扇—河流—三角洲—湖泊的沉积相带，直抵盆地中南部，初期在南缘还出现超覆沉积关系，而盆地南缘的构造活动相对较弱，物源供给不充分，仅南缘带出现宽度不大的三角洲平原及前缘相带，湖盆区主要分布在延安—环县一带，使整个盆地在南北方向上表现为不对称的箕状外形。

3.晚期（上石盒子期—石千峰期）

随着南缘构造活动的逐渐加强，南缘的三角洲相带加宽，湖盆自南而北扩展，至石千峰期，以红色细碎屑岩为主的湖相沉积出现在盆地的中北部，整个鄂尔多斯盆地成为典型的内陆坳陷盆地。

2.2 地层划分与对比

2.2.1 古生界地层划分

根据中国石油长庆油田分公司研究院最新的分层方案，苏里格气田上古生界岩石地层划分及标志层特征见表2-1。本区地层自上而下依次为：第四系；白垩系志丹统，侏罗系中统安定组、直罗组，侏罗系下统延安组；三叠系上统延长组，三叠系中统纸坊组，三叠系下统和尚沟组、刘家沟组；二叠系上统石千峰组，二叠系中统石盒子组，二叠系下统山西组、太原组；石炭系上统本溪组；奥陶系中统马家沟组（未穿）。地层岩性特征、电性特征、分层依据及接触关系分述如下。

表2-1　苏里格气田上古生界岩石地层划分及标志层特征

岩石地层					主要标志层特征	电性特征
系	统	组	段	气层组		
三叠系	下统	刘家沟组				
	上统	石千峰组		峰$_1$ 峰$_2$ 峰$_3$ 峰$_4$ 峰$_5$	泥灰岩（或钙质结核） 鲜红色砂、泥岩 （K$_8$砂岩）	锯齿状声波曲线
二叠系	中统	石盒子组	上石盒子组 天龙寺段	盒$_1$ 盒$_2$ 盒$_3$ 盒$_4$	硅质岩（燧石层） 褐红色砂泥岩 （K$_6$砂岩）	低电阻、高自然伽马
			下石盒子组 化客头段	盒$_5$ 盒$_6$ 盒$_7$ 盒$_8^{上}$ 盒$_8^{下}$	桃花泥岩 浅色砂岩（K$_5$泥岩） 骆驼脖砂岩（K$_4$砂岩）	电阻曲线起伏明显
	下统	山西组	下石村段	山$_1$	上煤组（1$^#$、2$^#$、3$^#$煤层） 铁磨沟砂岩（或钙质页岩）	高电阻、高声波时差、大井径、低密度
			北岔沟段	山$_2$	中煤组（4$^#$、5$^#$煤层） 北岔沟砂岩（K$_3$砂岩）	

岩石地层					主要标志层特征	电性特征
系	统	组	段	气层组		
二叠系	下统	太原组	东大窑段	太$_1$	东大窑段 6#煤层 七里沟砂岩（K$_2$砂岩）	地坪箱状声波时差、低自然伽马、矩状高密度
			毛儿沟段	太$_2$	斜道灰岩 7#煤层 毛儿沟灰岩 庙沟灰岩 西铭砂岩（局部）	
石炭系	上统	本溪组	晋祠段	本$_1$	下煤组（8#、9#煤层） 吴家峪灰岩（钙质页岩） 晋祠砂岩（火山凝灰岩或K$_1$砂岩）	高自然伽马、低电阻
			畔沟段 湖田段	本$_2$ 本$_3$	畔沟灰岩 山西式铁矿、G层铝土矿（铁铝岩层）	
奥陶系	中统	马家沟组			灰岩、白云岩	

1. 三叠系下统刘家沟组

主要岩性为浅灰、紫红色泥岩、棕红色砂质泥岩与浅棕、浅灰色砂岩、泥质砂岩互层。电阻率曲线呈细锯齿状起伏；自然伽马曲线呈锯齿状起伏，自上而下抬升；自然电位曲线异常不明显。其棕褐色岩性颜色与下伏石千峰组鲜艳醒目的棕红色岩性颜色区分明显，细锯齿状电阻率曲线与下伏地层大锯齿状—斜坡状曲线区分明显。刘家沟组与下伏石千峰组为整合接触。

2. 二叠系上统石千峰组

主要岩性为棕红色泥岩、棕褐色砂质泥岩与浅棕色砂岩、泥质砂岩呈不等厚互层。电阻率曲线呈大锯齿状—斜坡状起伏，幅度增大，电阻率增大；自然伽马曲线呈尖峰状起伏；自然电位曲线负异常明显。进入本组以后，岩性方面，岩屑颜色较鲜艳，泥岩以棕红色为主，砂岩以浅棕色为主。电阻率曲线呈大锯齿状起伏，特征明显。石千峰组与下伏石盒子组为整合接触。

3. 二叠系中统石盒子组

主要岩性为以棕褐色泥岩、砂质泥岩为主夹浅灰色砂岩，底部为杂色泥岩夹浅灰色、灰白色中—粗砂岩。电阻率曲线呈细锯齿状起伏，电阻率较石千峰组有所减小，自上而下逐渐增大；自然伽马曲线呈尖峰状，局部呈箱状起伏；自然电位曲线负异常明显。进入本组后，泥岩颜色逐渐变杂，底部可见杂色泥岩；砂岩成分中石英含量自上而下逐渐增多，长石含量减少。石盒子组与下伏山西组为整合接触。

4.二叠系下统山西组

主要岩性为厚层深灰、灰黑色泥岩、砂质泥岩夹浅灰色细—粗砂岩及煤层。电阻率曲线在高值背景下呈山峦状起伏；自然伽马曲线呈尖峰状起伏，其值较石盒子组有所增大；自然电位曲线负异常不明显。本组砂岩普遍含碳屑，泥岩颜色明显变深，中下部有煤层出现。根据沉积序列和岩性组合，自下而上可分为山$_1$段、山$_2$段。山西组与下伏太原组为整合接触。

5.二叠系下统太原组

主要岩性为褐灰色灰岩、深灰色砂质泥岩夹深灰色泥岩及煤层。电阻率表现为高—特高值；自然伽马曲线呈箱状起伏；自然电位曲线起伏大。太原组顶部的灰岩是太原组与山西组分界的标志。太原组与下伏本溪组为整合接触。

6.石炭系上统本溪组

主要岩性：顶部为煤层，以深灰色泥岩为主，底部为铝土质泥岩与奥陶系接触。电阻率表现中高值；自然伽马曲线呈尖峰状；自然电位曲线起伏大。顶部煤层在区域上大面积稳定分布，这是进入本溪组的区域性标志层，底部以白云岩出现作为进入奥陶系的区域性标志。本溪组与下伏马家沟组为假整合接触。

7.奥陶系中统马家沟组

马家沟组出露层位主要为马$_5$段。

2.2.2　上古生界地层对比标志

地层对比的实质是进行年代地层对比。长庆油田分公司采用多重地层划分方法，结合地球物理测井信息，对区内古生界的岩石地层、生物地层和年代地层分别进行了划分与对比。为了使地层对比更有利于在实际生产中应用，尽量避免采用跨时的地层单位。

鉴于苏里格气田东区受限于生物地层对比和年代地层对比，本书只针对岩石地层对比进行研究。岩石地层对比通常是在同一沉积环境单元内，通过寻找标志层，并结合岩石组合和沉积旋回进行的一种直观、快捷的对比方法。在区域地层对比时，既要考虑沉积相的变化，又要联系生物组合的关系；在海陆交互相地层发育区段，应将海相地层的变化作为主要对比依据；对于变化较大的砂岩体和明显随环境变化而出现层位迁移的煤层，只能作为辅助性的对比标志。

1.湖田段铁铝岩层

这是本区最易识别的岩性标志层，它平行不整合于下伏马家沟灰岩地层之上，由底部的山西式铁矿和紧随其上的 G 层铝土矿构成，在全区普遍分布，厚度一般为 2~15m，河曲、保德一带厚度达 10~20m，是晋西北的主要铝土矿产地。在渭北地区，铁铝岩层在层位上具有明显的穿时性，韩城桑树坪、象山等地属晚石炭世中期，澄城洛河、铜川、耀县一带已升至太原组底部，至淳化、岐山则见于山西组和石盒子组底部。

2. 下煤组

下煤组分布范围较广，它位于庙沟—毛儿沟灰岩之下，紧邻下伏吴家峪灰岩，它由 8#、9# 煤层组成，有时 8#、9# 煤层合并为单一煤层，以煤系的形式出现（图 2-1）。煤层一般较稳定、普遍分布、厚度大，结构简单，是一层重要的岩石地层对比标志层。其因含硫较高，常有异味，因此俗称臭煤。由晋祠砂岩、吴家峪灰岩和下煤组组成的一套完整沉积被归并至晋祠段，它是太原组和本溪组的分界标志（以晋祠砂岩底界为界），也是现今年代地层石炭系与二叠系（以下煤组顶部为界）的分界标志。

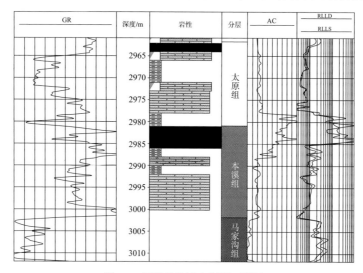

图 2-1　下煤组特征（本溪组顶部）

3. 北岔沟砂岩

它为一厚层灰白色粗或中粗粒岩屑石英砂岩、石英砂岩，并组成中煤层的底板。北岔沟砂岩之上一般不再发育海相灰岩，结合中煤组的出现，可作为识别它的辅助标志。其厚度变化较大，相变较明显。

4. 中煤组

中煤组由 4#、5# 煤层组成，是鄂尔多斯地区最具工业意义的可采煤层。在该煤组之上，常可见一层钙质砂岩或钙质页岩或海相泥岩，表明当时海水时而波及。此煤组介于陆相地层和海相地层之间，可作为对比的识别标志。北岔沟砂岩与中煤组常被归并为一个岩石地层单位——北岔沟段（图 2-2），它由杜宽平于 1959 年建立。

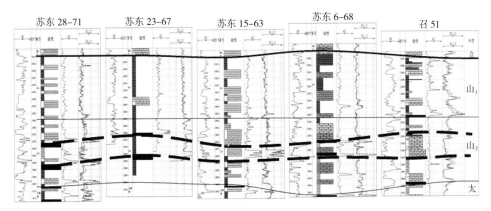

图 2-2 中煤组特征对比

5. 上煤组

由 1#、2#、3# 煤层及其间的砂页岩组成，山西区调队（1976）将其定名为下石村段。俗称香煤，煤层厚度变化较大，精确对比十分困难。作为上煤组辅助识别标志的是砂岩的颜色，从上煤组开始，常有灰黄色或黄绿色砂岩出现，但在苏里格气田东区不发育。

6. 骆驼脖砂岩

由 Norin 于 1922 年定名，岩性以细砾岩、粗砂岩为主，有多个砂砾岩—砂岩—泥（页）岩沉积旋回，局部地区夹煤线。浅色岩系逐渐发育，在野外极易被识别。在骆驼脖砂岩之上，是一套浅黄色及黄绿色的砂泥岩系（K_5 砂岩），是下石盒子组的识别标志，在野外也极易被识别（图 2-3）。

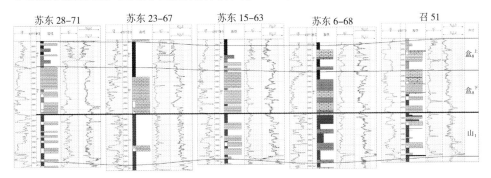

图 2-3 骆驼脖砂岩特征对比

7. 桃花泥岩

在原下石盒子组顶部，常见一层紫色的粉砂质泥岩，具鲕粒结构，层面具白色斑块，因受铁质侵染而呈粉红色，俗称桃花泥岩或紫斑泥岩，是识别以往上、下石盒子组的标志。从桃花泥岩开始，石盒子组的粉砂岩和粉砂质泥岩常呈黄绿色和紫红色相间出现，露头上一片紫红，即为特征标志。桃花泥岩有时不止一层，加之桃花泥岩在有些区段因无鲕粒结构，因而特征并不典型。

8. 硅质岩

它位于石盒子组顶部，由 Norin 于 1922 年定名为石髓层。石盒子组上部地层多呈紫红色，在泥岩中常含钙质结核，有时夹褐色泥灰岩或硅质燧石层（图 2-4），呈条带状分布，从硅质层开始，紫褐色的砂泥岩常变为鲜红色的砂泥岩，是野外区别石盒子组和石千峰组的重要标志。硅质层有时不止一层，在一些区段，常以其间的一层砂岩（K_8 砂岩）为界，将其解体为两部分，故在石千峰组底部有时也有硅质岩（石髓层或燧石层）存在。

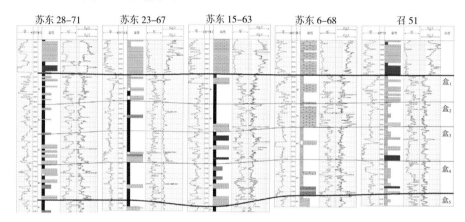

图 2-4 硅质层特征对比

9. 石千峰底部砂岩组

石千峰组底部存在一套区域性块状砂岩，该砂岩厚度大，多在 20m 以上（图 2-5）。该套砂岩与下伏石盒子组地层电性特征差异明显。声波时差及电阻均存在明显的台阶，属区域性标志层。

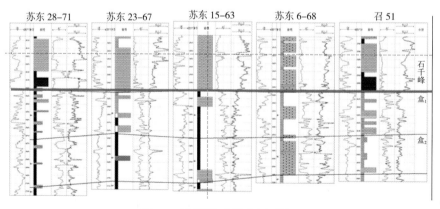

图 2-5 石千峰组底部砂岩组特征

2.2.3 地层对比结果

1.小层对比原则

苏里格气田以河流相沉积为主,河道摆动剧烈;不同时期河道相互切割,同时期不同河道也相互切割,平面上连片分布,造成岩性、岩相变化快,给地层对比带来了很大的困难。本书采用了"标准层控制下的网状封闭剖面对比法"对苏里格气田东区内完钻井进行精细地层对比。

为了准确地进行地层对比,沿砂体走向和横切砂体方向各优选两条剖面组成可以控制苏里格气田东区的骨架剖面,在骨架剖面对比中综合考虑沉积相变化、沉积旋回及沉积厚度的横向和纵向变化,确保骨架剖面的闭合和对比结果可靠;在骨架剖面准确对比的基础上,进行非骨架井的小层对比,对比过程中注重地层厚度及沉积相的变化。

2.地层对比结果

根据苏里格气田东区小层划分与对比结果(表2-2),石盒子组每段地层厚度多在 25~37m,平均厚度 30m;上石盒子组地层累计厚度在 100.8~141.0m,累计平均厚度 118.2m;下石盒子组累计厚度在 119.5~181.3m,累计平均厚度 149.5m。

山西组地层累计厚度在 75.8~105.2m,累计平均厚度 92.4m。其中:山$_1$段地层厚度为 36.6~52.0m,平均厚度 45.4m;山$_2$段地层厚度在 39.2~53.2m,平均厚度 47.0m。

表 2-2 苏里格气田东区小层划分与对比结果

层位		地层厚度 /m		
组	段	最小值	最大值	平均值
上石盒子组	盒$_1$	25.5	33.5	29.4
	盒$_2$	24.7	35.0	30.3
	盒$_3$	26.4	34.5	29.8
	盒$_4$	24.2	38.0	28.7
	累计	100.8	141.0	118.2
下石盒子组	盒$_5$	25.5	36.0	29.5
	盒$_6$	21.7	37.0	29.1
	盒$_7$	23.8	35.0	26.7
	盒$_8^上$	24.5	34.9	30.1
	盒$_8^下$	24.0	38.4	34.1
	累计	119.5	181.3	149.5
山西组	山$_1$	36.6	52.0	45.4

层位		地层厚度 /m		
组	段	最小值	最大值	平均值
山西组	山₂	39.2	53.2	47.0
	累计	75.8	105.2	92.4

从骨架井对比剖面看：东西向小层分布稳定，各小层地层厚度在横向上变化不大，仅在局部井点，由于各小层地层砂地比具有差异，使地层存在差异压实情况，造成井间小层厚度存在一定差别；南北向呈现出自北向南地层厚度增大的趋势。

2.3 沉积相划分标志

沉积相是沉积环境和物质组成特征的总和。沉积相的确定主要依据在不同沉积环境、水动力条件下，在沉积物内遗留下来的各种特征。因此，准确识别各种相标志和组合特征是划分沉积相的基础。划分沉积相主要依据：沉积学标志、测井相标志、古生物标志、地球化学标志、地球物理标志等。本书主要运用沉积学标志、测井相标志进行沉积相划分。

2.3.1 沉积学标志

沉积学的相标志包括颜色、岩石类型、结构、粒度、沉积构造和岩石相等。本书运用的沉积学标志特征信息主要通过岩心观察而来。

1.颜色

颜色是反映沉积环境最直接、最醒目的标志，它能反映沉积介质的物理化学性质，以及古气候条件。尤其是泥岩的自生色，它反映了岩石中含铁自生矿物和有机质的种类及数量，是不同沉积环境的良好指示剂。

影响沉积岩颜色的主要因素为有机质和铁质，通常有机质含量增加，岩石颜色变深变暗。再如，有 Fe^{2+} 存在，岩石呈暗色，有 Fe^{3+} 存在，岩石则呈红色。沉积岩中因含有机质如碳质和沥青，以及分散状硫化铁如黄铁矿和白铁矿，而呈暗色（包括灰色和黑色），其含量越多，颜色就越深。这说明岩石形成于还原环境或弱还原环境中。通常，碳质反映出泥炭沼泽弱还原环境，沥青质和分散状硫化铁则反映出水深或较深的停滞环境。沉积岩中含有 Fe^{2+} 的矿物，如海绿石、绿泥石和菱铁矿则呈绿色，反映出弱氧化或弱还原环境，但如果富含角闪石、绿帘石、孔雀石等矿物也呈绿色，反映不出沉积环境。沉积岩中含有 Fe^{3+} 矿物，如赤铁矿、褐铁矿则呈红色或褐黄色，反映出氧化环境，如陆上河流、冲积扇等洪水沉积环境。

苏里格气田东区目的层泥岩分布较广，在各砂层组中都较普遍。泥岩颜色主要是深灰—灰黑色、灰绿色、紫红色、浅灰绿色、浅灰—灰色及杂色。

紫红色泥岩主要是和灰绿色泥岩呈互层分布，说明沉积时期水位变化频繁，沉积物常处在氧化—还原交替变化的环境中。浅灰、灰白、浅灰绿色泥岩在苏里格气田东区较为常见，代表弱氧化—弱还原环境。深灰—灰黑色泥岩在苏里格气田东区分布较广，代表强还原环境。

山$_2$段泥岩呈灰黑色。山$_1$段泥岩富含碳化植物茎秆化石，局部发育碳质泥岩及煤线。说明该沉积时期气候温暖潮湿，沼泽相发育。

盒$_8^{下}$段泥岩呈浅灰绿色—深灰色，仅在苏里格气田东区部分井中见到杂色泥岩。

盒$_8^{上}$段—盒$_4$段泥岩颜色以紫红—灰绿杂色为主，反映出季节性干旱—半干旱的气候条件。

山$_2$段—山$_1$段砂砾岩颜色多为浅灰色、灰白色，反映出其沉积时为潮湿气候，沉积环境主要为弱还原—还原环境。

盒$_8$段—盒$_4$段砂砾岩颜色多为灰白色、灰绿色，偶见杂色，反映出其沉积时为半干旱气候，沉积环境主要为弱氧化环境。

2. 岩石类型

对由化学、生物化学沉积形成的岩石，可直接作为判断某种沉积相的标志，如亮晶颗粒灰岩，它就是滩相或礁滩相的产物。对于陆源碎屑岩，它是通过某种介质的机械搬运沉积的产物，受到物源区母岩性质、剥蚀程度、沉积供给速率及水动力条件变化的控制，碎屑岩的岩石类型更多地与沉积环境水动力条件有关。盒$_8$段、山西组的岩石类型属陆源碎屑岩及泥质岩，细砾岩、含砾粗砂岩、中粗粒砂岩、粉砂岩、粉砂质泥岩、泥质粉砂岩等均有。细砾岩、含砾粗砂岩、中粗粒砂岩形成于能量高、水动力强的沉积环境中，如冲积扇、辫状河河道；粉砂岩、粉砂质泥岩、泥质粉砂岩等细碎屑沉积物形成于能量低、水动力弱的沉积环境中，如分流河道间洼地、泛滥平原等。

3. 结构与粒度

岩石的结构特征直接反映了沉积时的介质条件，不同介质条件下形成的沉积物具有不同的结构特征，即使是同种介质条件下形成的沉积物，随着水动力条件由强变弱，沉积物颗粒也会出现由粗到细的变化特征。另外，沉积速度快慢、改造时间长短，在沉积物结构方面也有反映。沉积岩的粒度是受搬运介质、搬运方式及沉积环境等因素共同控制的，反过来，这些因素也必然会在沉积岩的粒度性质中得到反映。因此，岩石粒度资料是确定沉积环境的重要依据之一，而粒度概率累积曲线法则是最常用的相分析方法。通过对砂岩样品进行粒度分析，可知其概率曲线以两段式或三段式为主。其中，两段式曲线以跳跃为主，跳跃总体斜率为中等—较高，分选性为中等—较好，悬浮组分总体含量少，接点有突变，反映了水动力条件稳定且相对较强，悬浮组分不易沉积下来，表现出牵引沉积作用特征。苏里格气田东区岩石粒度分析结果表明，水动力强度变化大，粒度概率累积曲线为反映河流沉积环境的典型曲线（图 2-6），其为两段式，以跳跃为主，斜率中等，分选性中等—较好。

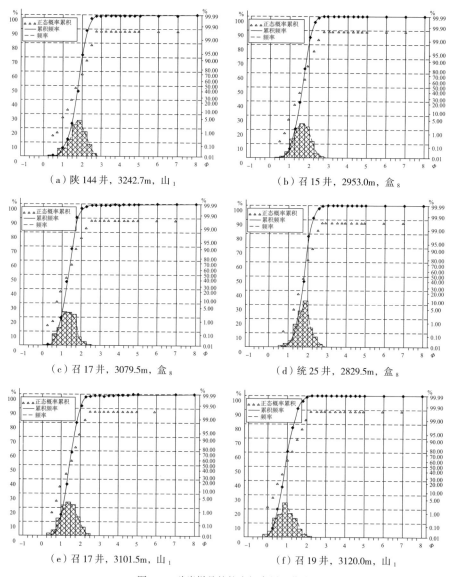

图 2-6　砂岩样品的粒度概率累积曲线

4.沉积构造

沉积构造是指沉积物沉积时由于物理作用、化学作用及生物作用形成的各种构造。其中，层理是最主要、最常见的原生沉积构造，它可以确定沉积介质的水动力条件及流动状态，从而有助于分析沉积环境。苏里格气田东区的主要沉积构造为水平层理、平行层理、沙纹交错层理、板状交错层理、槽状交错层理、粒序层理、冲刷面等，它们都是识别沉积相和沉积微相的重要标志（表2-3），分述如下。

表2-3　沉积构造与沉积相的对应关系

类型		主要特征	成因	岩性	出现相带
层理构造	平行层理	纹层彼此平行，纹层厚度0.1~1.0cm，多因碳屑物质富集而显现	平坦床砂荷作用	中砂岩、细砂岩	分流河道及水下分流河道
	槽状交错层理	层系界面呈槽状，层系厚5~10cm，因粒度变化而显现或因碳屑富集而显现	床砂形态脊弯曲、舌状迁移	中粗粒砂岩、中—细砂岩	河道、分流河道
	小型槽状交错层理	由波高小于3cm的波痕纹理组成，因碳屑物质富集或片状矿物而显现	小的水流波痕迁移而成	粉砂岩、粉—细砂岩	河道间
	板状交错层理	界面呈平面状，互相平行，单层纹层倾向一致，层系厚度0.2~1.0m，倾角10°~30°，纹层因碳屑物质富集而显现	床砂形态平直迁移	中粗粒砂岩、细砂岩	河道、分流河道、水下分流河道
	波状层理	由波状起伏的连续或间断的纹层重叠组成的层理	水流波浪冲击沙纹迁移	泥质粉砂岩、粉砂岩	河漫滩、前缘席状砂
	爬升沙纹层理	由一系列相互叠置的波纹层组成的小型层理，纹层多因碳屑物质富集而显现	沙纹迁移，悬浮物质丰富	粉砂岩	河道间、分流间湾
侵蚀构造	冲刷面	砂层底面与下伏地层呈凹凸不平的侵蚀接触，冲刷面之上常含泥砾/泥屑和砂屑	强烈的涡流		河道底部
变形构造	滑塌构造	沉积物层理破坏，出现揉皱、包卷、滑动及滑塌岩块	重力滑塌	粉—细砂岩、泥质砂岩	分流间湾
	变形层理	水平层理变形为"宽向斜窄背斜"，层理呈卷状、同心状和云雾状	沉积物液化和泄水	粉—细砂岩、粉砂岩	分流间湾
生物成因构造	生物潜穴	多为直立或略倾斜的管状潜穴，蹼状构造不发育，管孔直径一般1~2cm，长度3~6cm	生物居住或觅食而形成的孔穴	粉砂岩、泥质粉砂岩	河漫滩、分流间湾
	生物逃逸	为直立的管状孔穴，无衬层，叠面不光滑，长度多大于10cm	生物逃跑而形成的管穴	泥质粉砂岩、粉砂岩	河漫滩、分流间湾

1）水平层理

常见于泥岩、粉砂质泥岩中，纹层相互平行并平行于层面，层理上可见细小植物碎屑和丰富的云母片，常形成于浪基面之下或低能环境的低流态中，以及物质供应不足的情况下，主要由悬浮物质缓慢垂向加积而成。苏里格气田东区此类沉积构造主要发育于河流的天然堤、泛滥平原中。

2）平行层理

岩性以中、细粒砂岩为主，纹层厚度一般在 0.5~1.0cm，由相互平行且与层面平行的平直连续或断续纹理组成，纹理可因植屑、岩屑或暗色矿物及颜色差异而显示，常形成于水浅流急的水动力条件下，由平坦床砂迁移形成。主要见于较强水动力条件下的辫状河道心滩、曲流河道边滩及分流河道沉积中 ［图 2-7（a）］。

3）沙纹交错层理

主要出现于粉砂岩中，是多层系的小型交错层理，它是由沙纹迁移形成的，按成因可以分为流水沙纹交错层理和浪成沙纹交错层理。流水沙纹交错层理主要由水流作用形成，细层向一方倾斜并向下收敛；浪成沙纹交错层理主要由波浪作用形成，层系界面波状起伏，细层向不同方向倾斜。主要形成于水动力条件较弱的环境中，如河漫滩、浅湖、前三角洲、分流河道间等 ［图 2-7（d）］。

4）板状交错层理

岩性为灰色—浅灰色中、细粒及粗粒砂岩，层系为上、下界面平行，呈板状，层系厚度为 10~15cm，厚度较稳定，细层厚度为 0.1~1.0cm，纹理有连续纹理、断续纹理两种，在细层面上见细小碳屑，纹层可向层系底面收敛，夹角常小于 10°。主要出现于河道和三角洲平原的分流河道沉积环境中 ［图 2-7（b）］。

5）槽状交错层理

层系界面波状起伏呈槽形，细层在顶部被截切，前积纹层和后积纹层均可被保留，故在垂直平行水流方向的剖面中细层呈双向，常被误认为双向水流形成的双向交错层理。大型槽状交错层理底界冲刷面明显，底部常有泥砾，多见于河流环境中，特别是辫状河沉积环境中 ［图 2-7（c）］。

6）粒序层理

又称递变层理，是在一个层内因粒度从底部到顶部逐渐变化所造成的。从层的底部至顶部，粒度由粗逐渐变细者称正粒序，由细逐渐变粗者则称为逆粒序。苏里格气田东区这两种粒序多见，层系厚度一般为 5~50cm，最厚可达 1m。其中，正粒序多发育于曲流河及分流河道沉积环境中，而逆粒序则发育于冲积扇、辫状河及河口砂和决口扇等环境中 ［图 2-7（e）］。

7）冲刷面

冲刷面是后期沉积物对先期沉积物的侵蚀、冲刷形成的，是高流态下产生的一种层面构造。在野外剖面上，冲刷面呈凹凸状展布；因岩心体积小，在其上除了能看到起伏平缓的冲刷面，还能看到冲刷面上下岩性突变，含有下伏层的泥砾。冲刷面大都出现在分流河道和水下分流河道底部，其上常见大量再沉积的泥砾［图2-7（f）］。

（a）统13井，2989.94m，平行层理

（b）统1井，2869.59m，板状交错层理

（c）统12井，2909.40m，槽状交错层理

（d）统16井，2933.47m，沙纹交错层理

（e）统16井，2652.65m，中、细砾岩—含砾粗砂岩—
粗砂岩构成韵律层

（f）统1井，2870.17m，细砾岩、含砾粗砂岩构成递
变块状层，底部为冲刷接触

图2-7　岩心样品的沉积构造

5.岩石相

岩石相又称岩相，通常是指在某种特定的水动力条件或能量下形成的岩石单元及沉积构造组合。识别、划分岩相的主要标志为岩性、粒度、沉积构造及颜色等，其目的是更好地反映各类岩相形成的水动力条件和成因。在油气田开发中，以成因单元为基础的岩相是划分沉积微相的主要依据。早在 20 世纪 70 年代，A.D.Mall 就将岩相的概念、划分及其研究方法引入河流沉积物的研究中，经过近 50 年的发展和完善，岩相分析在沉积相及储层沉积学研究中已得到广泛的应用。

岩相的名称通常用一定的代码来表示（取英文第一个字母）。代码由两部分组成：第一部分表示岩性及粒度，用一个大写字母来表示，如 G 表示砾岩，S 表示砂岩，F 表示粉砂岩，M 表示泥岩等；第二部分用于反映岩相所具有的某种沉积构造类型或颜色，用一个小写字母（沉积构造）或两个小写字母（沉积构造＋颜色）表示，如 t 表示槽状交错层理，p 表示板状交错层理，m 表示块状层理等。依据上述原则，本书对目的层段岩相进行了划分。

1）砾岩相（G）

按成因及支撑类型可分为重力流型和牵引流型两种类型。

重力流型（Gm）：洪水期，泥、砂、砾悬浮搬运沉积；洪峰减退，泥、砂、砾混杂沉积。泥、砂充填于砾岩间，形成由基质支撑的砾岩及泥质支撑的副砾岩。沉积构造主要有块状层理［图 2-8（a）、图 2-8（c）］、递变层理［正、反，图 2-8（b）］，平行层理、板状层理和槽状层理。

牵引流型（Gg）：由牵引流形成的砾岩相按粒度不同，可分为不等粒砾岩相和等粒砾岩相，岩性以中、细砾岩为主。不等粒砾岩相分选性、磨圆度差，大小不等的颗粒混杂堆积，主要有块状层理［图 2-8（e）］、递变层理［图 2-8（f）］或不明显的平行层理［图 2-8（d）］；等粒砾岩相砾石磨圆度（次棱角状）、分选性较好，颗粒呈镶嵌结构分布，主要有块状层理［图 2-8（g）、图 2-8（h）］、平行层理、板状层理和槽状层理。

（a）统 21 井，盒 $_8$，重力流型砾岩，块状层理，砾石大小不一，分选性差；泥、砂混合充填，基质支撑

（b）统 22 井，盒 $_8$，重力流型砾岩，递变层理，砾石大小不一，分选性差；泥质基质支撑

图 2-8　岩心样品砾岩相

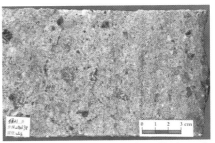

（c）召10井，盒₇，重力流型砾岩，
　块状层理，砾石大小不一，磨圆度
　好；砂质基质支撑

（d）统31井，山₂，不等粒砾岩，平行层理，分
　选性、磨圆度差，大小不等的颗粒混杂堆积

（e）统21井，盒₈，不等粒砾岩，块状层理，
　分选性、磨圆度差，大小不等的颗粒混杂
　堆积

（f）召10井，山₁，不等粒砾岩，递变
　层理，分选性、磨圆度差，大小不等的
　颗粒混杂堆积

（g）统20井，山₂，块状等粒砾岩，砾石
　磨圆度（次棱角状）、分选性较好，颗粒呈
　镶嵌结构分布

（h）统20井，山₂，块状等粒砾岩，砾石
　磨圆度（次棱角状）、分选性较好，颗粒
　呈镶嵌结构分布

图2-8　岩心样品砾岩相（续）

2）含砾粗砂岩相（Sg）

　　岩性以灰白色含砾粗砂岩为主，砾径为0.2~2cm，砾石含量为10%~15%。含
砾粗砂岩相常出现在砾石砂质心滩的辫状河中。根据其韵律和层理特征，进一步划
分为递变层理、块状层理、槽状交错层理、板状交错层理、平行层理的含砾粗砂岩
相（图2-9）。

（a）召14井，盒$_8^\text{下}$，块状层理，漂砾　　　　（b）统19井，盒$_8^\text{下}$，块状层理，漂砾

（c）召14井，山$_1$，泥砾沿层理分布　　　　（d）召47井，盒$_8^\text{下}$，泥砾沿层理分布

（e）召37井，山$_2$，槽状交错层理、板状交错层理

图2-9　岩心样品含砾粗砂岩相

3）砂岩相（S）

苏里格气田东区靠近物源区，以粗的碎屑物沉积为主，除了砾岩相、含砾粗砂岩相，砂岩相中以粗粒砂岩相、中粗粒砂岩相为主，细砂岩相不发育。岩性以浅灰色、灰白色粗粒砂岩为主，沉积构造主要为块状层理［图2-10（b）、图2-10（e）、图2-10（f）］、板状交错层理［图2-10（g）］、槽状交错层理［图2-10（c）］和平行层理［图2-10（a）、图2-10（d）］。粗粒砂岩中层系的厚度比中粒砂岩中层系的厚度大，且细层内粒级变化明显。

板状交错层理、槽状交错层理砂岩相（Spt）：该类岩相是在岩心中见到的最广泛的一种岩相，岩性以灰白色中、粗粒砂岩为主，夹粗砂岩，岩层以中厚层状为

（a）召 6 井，盒$_8$，平行层理中粒砂岩相

（b）统 18 井，山$_2$，块状层理中粒砂岩相

（c）召 6 井，盒$_8$，槽状交错层理中粒砂岩相

（d）召 54 井，盒$_8$，平行层理中粒砂岩相

（e）召 45 井，盒$_8$，块状层理中粒砂岩相

（f）召 43 井，盒$_8$，块状层理中粒砂岩相

（g）召 47 井，山$_1$，板状交错层理中粒砂岩相

图 2–10　岩心样品砂岩相

主，偶见块状岩层。该岩相最大的特征为板状交错层理、槽状交错层理发育，特别是板状交错层理最为发育。粗粒砂岩中细层的厚度比中粒砂岩中细层的厚度大，岩层厚度 0.3~0.5m，细层厚度可达 1~2 cm，细层内粒级变化明显，在剖面上从下向上由块状含砾粗砂岩相变为板状交错层理粗砂岩相、槽状交错层理粗砂岩相，进而变为板状交错层理、槽状交错层理中细粒砂岩相，这种特征反映出河水水动力有强变弱，水体由深变浅，流速由大变小的演化规律。

平行层理砂岩相（Sn）：平行层理砂岩相与 Spt 相似，也是砂岩相中广泛存在的一种岩相，以灰白色厚层的中粗粒砂岩为例，其平行层理发育，层理面上云母片多。该类岩相以与 Spt 组合出现为主，有时可见有次序的变化，多数为 Sn 变为 Sp，其次为 Sn 变为 St 进而变为 Sp，或者在一个岩层内重复出现。Sn 与 Spt、Gsm 构成辫状河河道充填岩相，是砂砾质心滩、砂质心滩的主要岩相组合。

沙纹交错层理砂岩相（Sr）：沙纹交错层理砂岩相以细砂岩及粗粉砂岩为主，层理以流水沙纹及浪成沙纹为主，常位于河道沉积的中上部，说明其水动力较弱，水体变浅，其浪成沙纹的形成与风吹水面波动有关。

4）泥岩相（M）

紫红色、杂色泥岩相（Mcm）：紫红色、杂色泥岩相位于盒 $_8$ 段灰黑色泥质岩层中，以杂色、紫红色为特征，有水平层理，厚度 0.5~2m，通常出现在溢岸沉积、泛滥平原（洪泛平原）沉积中，无论是在盒 $_8^{\text{下}}$ 还是在盒 $_8^{\text{上}}$ 泥岩中，该岩相均表现为连续广泛分布，到靖边以南变成不连续孤立分布。这些岩相特征说明与洪泛、水浅及悬浮沉积有关。

暗色、灰绿色泥岩相（Mdh）：暗色、灰绿色泥岩相主要为深灰、灰黑色、绿色的泥岩、粉砂质泥岩，有水平层理，其中灰绿色或绿色的泥岩厚度 0.5~2m。无论是在盒 $_8^{\text{下}}$ 还是在盒 $_8^{\text{上}}$ 泥岩中，灰绿色泥岩相在苏里格西、苏里格、苏里格东、乌审旗以北及盆地东部基本都无分布，从乌审旗以南至甘泉，灰绿色泥岩相分别在盒 $_8^{\text{下}}$ 及盒 $_8^{\text{上}}$ 泥岩中呈不连续孤立分布，在平面上与杂色泥岩相呈不规则分布。说明沉积物沉积时水动力弱，主要为悬浮沉积，而且水域分布不一致，有的地区露出水面，有的地区被水体淹没，或时而露出水面，时而又被水淹没。

2.3.2　测井相标志

随着地球物理测井技术的进步，特别是数字测井的普及和测井地质学的迅猛发展，在沉积学研究中，研究人员已广泛应用测井地质学中有关理论进行沉积学问题的研究。国内外实践已经证明，利用测井资料分析沉积环境，是一种快速而有效的方法，它可以为鉴定沉积环境提供十分有价值的资料。在测井相分析中，首先在取心井中选择有效的测井方法，并根据测井曲线或参数划分测井相，然后与岩心分析中的沉积相进行对比，建立岩心与测井相的转换模式。以此为标准，对各井进行测井相分析。

　　不同的微相在形成时，物源、水流能量等都有差别，这些差别会导致沉积物组成、结构、组合形式及垂向变化等不同，这些不同特征能够从测井信息中被提取出来。目前，利用测井曲线进行钻井无心段沉积微相研究已成为一种重要的手段，对自然电位（SP）及自然伽马（GR）测井曲线的研究主要考虑曲线的幅度、形态、顶底接触关系、曲线的光滑度及曲线形态的组合特征。它们分别从不同方面反映了地层岩性、粒度、泥质含量、垂向剖面结构和沉积时水动力条件变化，从而为沉积相、沉积微相划分提供了依据。通过对取心井岩心沉积相与测井相转换模式研究，总结出如图 2-11 所示的苏里格气田东区常见测井相标志。由于钻井过程中所获得的测井资料具有连续性，反映了各类沉积微相在垂向上的变化规律，结合取心井段的沉积微相研究，建立区内测井相标志，从而实现对未取心井段及各小层沉积微相的确定。

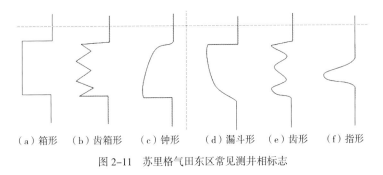

　　　（a）箱形　　（b）齿箱形　　（c）钟形　　（d）漏斗形　　（e）齿形　　（f）指形

图 2-11　苏里格气田东区常见测井相标志

　　据已有测井资料的岩—电转换对比关系，以自然伽马曲线和视电阻率曲线的测井相分析结果与取心井段的岩性、岩性组合及沉积相序列的分析结果拟合性最好，因而选取这两类曲线的测井相与取心段的沉积相分析结果的拟合关系，建立不同沉积相类型和层序级别的测井相—沉积相的岩性—电性（岩—电）转换模型，用于指导非取心井段测井曲线的沉积相解释和层序划分。

2.4　沉积相类型及特征

2.4.1　沉积相类型

　　根据区域沉积格局和沉积作用特点，在前人研究成果的基础上，通过对盆地周缘野外露头剖面进行系统观测，以及对盆内已有山西组、下石盒子组取心井段的岩心进行观察，并结合对盆内数百口钻井的测井资料的综合分析，苏里格气田东区石盒子组和山西组以辫状河、曲流河沉积体系为主，其沉积相类型划分见表2-4。

表2-4 苏里格气田东区盒8段、山1段沉积相类型

沉积体系	主要沉积相、亚相、微相			主要岩石相类型	主要测井相类型	主要产出层位
河流	辫状河	河床	河床滞留	重力流型砾岩、不等粒砾岩	箱形	盒8下段
			心滩	含砾粗砂岩相、等粒的砾岩相		
			河道充填	各种层理的砂岩相夹少量粉砂质泥岩相	齿箱形	
		漫滩（溢岸）	河漫滩、河漫湖泊	粉砂质泥岩相为主，夹少量砂岩相	齿形、指形	
	曲流河	河床	河床滞留	重力流型砾岩、不等粒砾岩	钟形	盒4段—盒8上段、山1段—山2段
			边滩	含砾粗砂岩相、各种层理的砂岩相		
			废弃河道	粉砂质泥岩相为主，夹少量砂岩相	齿形	
		堤岸	天然堤、决口扇	粉砂质泥岩相为主，夹少量砂岩相	齿形、漏斗形	
		漫滩	河漫滩、河漫湖泊、河漫沼泽	粉砂质泥岩相、碳质泥岩相	齿形、指形	

2.4.2 辫状河沉积

辫状河流一般发育于冲积扇扇端下游冲积平原地区。其形成主要受季节性的洪水流量和坡度的控制，这些因素使河道不固定。河道和心滩的频繁摆动是辫状河沉积最重要的特征。

辫状河沉积识别主要标志如下：

（1）沉积物以砂为主，较粗，含有砾石，岩性变化大，由于河道的频繁摆动，形成不同岩性之间的顶底突变接触，溢岸沉积物被冲刷，不易保存；砂泥比值大，垂向上或平面上均呈现砂包泥特征。

（2）砂体内部剖面韵律无一定序列和规律。韵律有正、有反、有递变，没有规律。

（3）砂体内有板状交错层理、平行交错层理、槽状交错层理等，也无一定的沉

积构造序列。

（4）辫状河沉积主要微相为心滩，心滩是垂向加积形成的。在垂向加积过程中，由于不同期次洪泛能量的不同，所携带的沉积物粒度也不同，这就造成垂向上粒度粗细无一定规律可循。

苏里格气田东区内辫状河沉积主要发育于盒$_8^{\text{下}}$段。由于辫状河所处地貌、物源、气候及洪泛能量等自然地理环境千差万别，因此辫状河的沉积组合序列也各种各样，目前尚不能建立单一的辫状河沉积模式。Mail（1985）总结出以下现代辫状河沉积模式，分别是有泥石流沉积的冲积扇主河道、分支河道辫状河，无泥石流沉积的冲积扇与近物源砾石质、砂砾质辫状河，砂质心滩与河道混合沉积的砂质辫状河，以河道为主类似曲流河剖面结构的砂质辫状河及河道宽而浅的辫状河。水流既可以形成河道沉积，也可以形成片流沉积。

鄂尔多斯盆地盒$_8^{\text{下}}$段沉积时由于受古隆起、地形坡度、气候、古水系及沉积物供给速率变化的影响，辫状河变化大、类型多，Mail 总结的现代辫状河沉积模式均存在，但苏里格气田东区以砾石质、砂砾质辫状河与砂质辫状河为主。

根据现代辫状河沉积特征，建立了苏里格气田东区辫状河沉积模式（图 2-12），辫状河三角洲平原主要包括辫状河道、泛滥平原及决口扇等，二元结构不明显，并以辫状河道最具代表性。

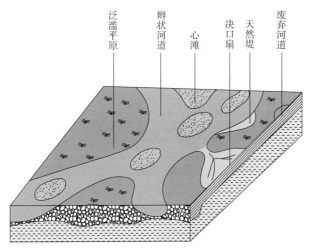

图 2-12　苏里格气田东区辫状河沉积模式

其中，辫状河道又可细分为心滩和河道充填微相。各沉积微相的主要特征如下。

1. 心滩微相

岩性以灰—灰白色含砾粗砂岩、粗砂岩等粗碎屑岩为主，碎屑颗粒一般为次棱角—次圆状，分选性中等，填隙物以泥质为主，在累计概率曲线上表现为典型的两段式，自然电位曲线一般呈箱形或波状起伏。岩性剖面具有不明显的正旋回特征，沉积构造以块状层理、平行层理、板状交错层理为主，水动力较强，河道的下切侵蚀能量较强，底部一般发育底砾岩，具有冲刷面，与下伏泥岩突变接触。自然伽马曲线多为高幅平滑箱形，苏里格气田东区辫状河沉积由纵向上多个叠置心滩组成，累计厚度可达10m以上（图2-13），只有高能心滩可形成有效储层。

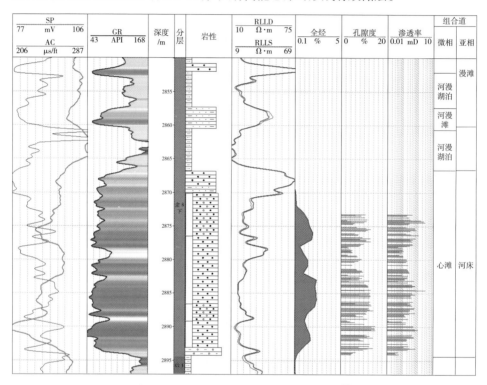

图2-13　心滩微相岩—电特征（召39井，盒$_8^{下}$）

2. 河道充填微相

由于辫状河道的改道或主水流流向的改变，部分河道（废弃）仅在洪水期接受沉积，且沉积物受水动力条件改造较弱，以不等粒的泥质砂岩为主，沉积构造以块状层理、粒序层理为主。与强水流的心滩相比，其自然伽马曲线呈低幅的箱形或齿形。

3. 决口河道／决口扇微相

如果天然堤不被破坏，河床随沉积物迅速增厚而升高，最后反而高出河道两侧的河漫滩。洪水期，河水冲破天然堤，部分水流由决口处流向河漫滩，砂、泥物质在决口处堆积成扇形沉积体，称为决口扇。在冲破水下天然堤后，由于地势影响，往往形成宽而浅的决口扇河道沉积，它是连接决口扇和河道的通道，当地势起伏不是很大时，决口河道一般不发育。决口扇沉积主要由细砂岩、粉砂岩组成。粒度比天然堤沉积粒度稍粗。具小型交错层理、波状层理及水平层理，常见冲蚀与充填构造，常夹有河水带来的植物化石碎片。岩体形态呈舌状或扇状，并向泛滥平原方向变薄、尖灭，在剖面上呈透镜状。在垂向剖面上，决口扇砂体大多数具有不明显的逆粒序，多数以直接覆盖在泛滥平原之上作为区别它与天然堤沉积的主要标志。

辫状河道具有多河道、河床坡降大、宽而浅、侧向迁移迅速的特点。由于河道迁移迅速，稳定性差，所以决口扇在辫状河三角洲中一般不发育。但在苏里格气田东区盒$_8$段晚期，辫状河道具有明显的曲流河的沉积特征，这一时期三角洲平原的决口扇仍有少量分布。

4. 河漫滩

河漫滩为心滩和河道充填微相所夹的细粒沉积，主要由粉砂岩或粉砂质泥岩夹泥岩组成，分流河道沉积所占辫状河正韵律沉积旋回单元的厚度比例很小。其测井曲线为典型的低幅齿形，往往与相邻的钟形或箱形曲线具有突变关系，为识别辫状河分流间湾的标志。

5. 河间湖泊

河间湖泊位于河道间的低洼地带，因洪水期水的补给，可形成小型湖泊，其沉积物以暗色泥岩为主，且水平层理发育。

2.4.3 曲流河沉积

依据苏里格气田东区物源、沉积相标志分析，认为苏里格气田东区山西组、石盒子组除盒$_8^{下}$段以外的层段普遍发育曲流河相。曲流河沉积具有典型的二元结构，剖面上河道成因的粗粒沉积物厚度和分流间成因的细粒沉积物厚度大致相当。主要沉积微相有分流河道（滞留沉积、边滩、废弃河道）、天然堤、溢岸砂和分流间湾等，在此基础上建立了苏里格气田东区曲流河沉积模式（图2-14）。

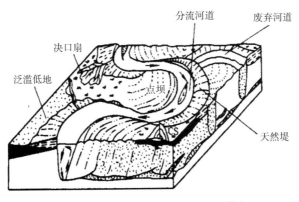

图2-14 苏里格气田东区曲流河沉积模式

1. 边滩微相

曲流河河道侧积作用强，边滩沉积的侧向迁移现象较常见。边滩微相的岩性以深灰色—灰黑色粗砂岩、含砾粗砂岩、中—粗砂岩等粗碎屑岩为主，岩性剖面呈现明显的正旋回特征（图2-15）。构造类型以块状层理、板状交错层理、平行层理等强水动力条件下形成的层理为主，底部具有河道冲刷—充填构造，与下伏泥岩或碳质泥岩突变接触，底部可见植物碎片化石。自然伽马曲线为高幅箱形或钟形—箱形组合。

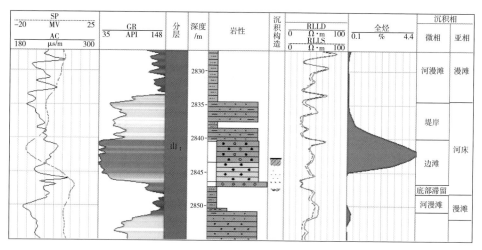

图2-15　边滩、分流间湾微相岩—电特征（统23井，山₁）

2. 废弃河道

曲流河三角洲中的废弃河道成因与曲流河侧积作用密切相关，在侧积作用下，河道的长度和弯曲率逐渐增大，而河床坡度减小，流速降低，因此河道的泄水能力逐渐降低，在某一次洪水期，过量的河水冲破河湾，截弯取直形成新的河道，袭取主流线位置，迫使原来高曲率的河道改道而成为废弃河道（牛轭湖）。

3. 天然堤微相

天然堤微相主要发育在曲流河三角洲沉积体系中，在辫状河三角洲沉积体系中一般不发育。河流在洪水期因水位较高，河水携带的细、粉砂级物质沿河床两岸堆积，形成平行于河床的砂堤，称为天然堤。它高于河床，并把河床与河漫滩分开。天然堤两侧不对称，向河床一侧坡度较陡，每次随洪水上涨，天然堤不断加高，其高度与河流大小成正比，最大高度代表最高水位。天然堤主要由细砂岩、粉砂岩和泥岩组成，粒度较边滩沉积粒度细，比河漫滩沉积粒度粗。在垂向剖面上，最突出的特点是砂岩、泥岩组成薄互层，下部砂岩中小型波状交错层理、沙纹层理非常发育，上部泥岩中则发育水平纹层。由于天然堤平时出露地表，只在洪水期才间歇性淹没，故常含蒸发成因的钙质结核，泥岩中可见干裂、虫迹及植物根化石等。随着河床的迁移，天然堤随边滩不断扩大、增长，故古代天然堤沉积体呈一定宽度的带状分布，沿河床两侧呈弯曲的砂垄状。天然堤砂体发育有粒度变化范围有限的正粒序，往往直接覆盖在河道的边滩砂体之上，自下而上岩性自然过渡，容易被识别。

4. 决口扇沉积

决口扇沉积是在高水位的洪水期，过量洪水冲破天然堤后，在靠平原一侧的斜坡区形成的小规模扇状堆积物。它主要由薄层细砂岩、粉砂岩、泥质粉砂岩组成，发育小型单向流水沙纹层理，剖面结构具有正粒序特征。

5. 河间湖泊

河间湖泊与辫状河河间湖泊类似，位于河道间的低洼地带，受洪水期水的补给，可形成小型湖泊，其沉积物以暗色泥岩为主，且水平层理发育。

6. 河漫滩

河漫滩为较大洪水期溢岸流形成的砂泥质沉积，在测井曲线上常表现为齿形，它在苏里格气田东区较为常见。

2.5　岩相古地理特征

鄂尔多斯盆地北部上古生界沉积环境主要受古构造和古气候的共同影响。

二叠世鄂尔多斯盆地处于华北克拉通盆地西北缘，受海西构造运动影响，古亚洲洋向南、秦岭—大别微板块向北俯冲，以及秦祁古陆块与华北地块拼贴碰撞，使得晚加里东—早海西期古裂谷陆缘发生差异隆升，"L"型古陆架边缘肩隆演变成区域整体抬升背景下的"I型"隆起［图 2-16（a）］。早石炭世，鄂尔多斯地块以西，大致以六盘山"后弧盆地"为沉降中心，几乎与上泥盆统的沉积中心一致，并向贺兰方向扩展，海侵范围扩大，发育北祁连残余滨浅海盆；鄂尔多斯地块以东发育华北滨浅海盆。二者从东、西两侧共同向鄂尔多斯盆地中部隆起地区超覆，直到早二叠世太原组沉积时才最终贯通并连为一体［图 2-16（b）］，即现在统一所称的华北内克拉通滨浅海盆（赵重远等，1990）。

石炭世末期，海水开始退出鄂尔多斯盆地，沉积环境由石炭纪的陆表海盆演变为二叠世的内陆湖盆。二叠世开始，华北区域最显著的变化是总体上构成了一个被周围隆起或古陆封闭的统一内陆湖盆（赵重远等，1990），其沉积以南厚北薄的微楔形体为特征，海水基本完全退出，仅个别地区偶尔夹有海相层，但这并不改变它作为一个统一内陆盆地的基本性质。这是由于上述南、北两侧挤压碰撞时间的差异导致了板块内部的翘板式构造运动，改变了石炭世南隆北倾的构造古地理格局，从早二叠世开始转为北隆南倾的古地理面貌。至晚二叠世，由于两侧进一步受挤压而抬升，使海水逐步并完全退出华北地块而转变为陆相沉积。华北石炭—二叠世海侵主要来自秦岭残余海盆，且随时间发展，呈现出由东向西的演替，物源区主要是华北北缘的阴山—燕山造山带，地块南缘的先期碰撞地段，如伏牛山等，从早二叠世开始也为盆地提供部分沉积物（陈世悦，1998）。

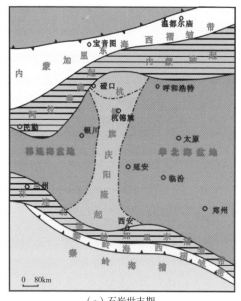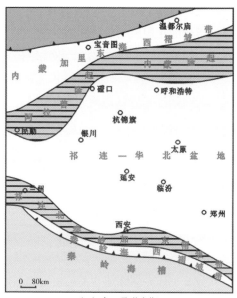

| （a）石炭世末期 | （b）中二叠世末期 |

图 2-16　鄂尔多斯盆地不同时期构造略图（据周立发，2004）

在这一背景下，鄂尔多斯地区作为一个统一内陆湖盆的重要组成部分，总体表现为以均衡沉降为特征的发展过程，出现了以陆相碎屑岩为主体的河流—三角洲—湖泊相组合，岩相古地理以南、北分异新格局取代了石炭世受"I"型隆起分隔的东、西分异局面。

鄂尔多斯本部地区从晚石炭世本溪期开始下降并接受沉积，上石炭统和下二叠统为滨浅海海陆交互相含煤沉积，中上二叠统为陆相碎屑岩沉积。在地层剖面中，基本上从下石盒子组盒$_8$段开始，泥岩从黑色开始向红色过渡，并且由含煤岩系向非含煤岩系转变。古气候为亚热带温湿气候（本溪—山西期）—半温湿气候（下石盒子期）—半干热气候（上石盒子期）—干热气候（石千峰期）呈现出有序的规律性演化（图 2-17）。从岩石类型来看，石千峰期和上石盒子期岩石多为红色长石砂岩系列；下石盒子期和山$_1$期岩石为杂色、灰色岩屑砂岩系列；山$_2$期、太原期和本溪期岩石为浅灰、灰白色石英砂岩系列。

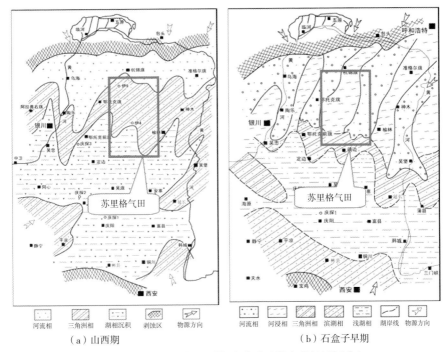

图 2-17　鄂尔多斯盆地早二叠世沉积体系（据《石油地质志》）

2.5.1　岩相古地理特征

1.山₂段

山₂段沉积期，苏里格气田东区总体上处于曲流河沉积环境中。河道总体呈南北向展布，河道规模较小，厚度多在 5~8m，宽度多在 0.6~1.2km。垂向上，不同期河道相互叠置，可形成厚度较大的叠置河道带。平面上，不同河道相互频繁交汇，在局部可形成宽度达 3~5km 的河道带。

由于气候温暖湿润，河间湖泊、沼泽微相发育，使得山₂段在苏里格气田东区内普遍含煤，泥岩以深灰—灰黑色为主［图 2-18（d）］。河道内沉积物粒度较粗，多为含砾粗砂岩［图 2-18（a）、图 2-18（b）］、中粗砂岩［图 2-18（c）］，局部见细砾岩。以高水流能量条件下的大型板状、楔状交错层理及平行层理等构造类型为主。

2.山₁段

山₁段沉积期总体上继承了山₂段的沉积格局，苏里格气田东区仍处于曲流河沉积环境中。河道总体呈南北向展布，河道规模较小，厚度多在 3~5m，单期辫状分流河道宽度一般为 300~500m（贾爱玲，2007；田冷，2004；于兴河，2004）。垂向上，不同期河道相互叠置，可形成厚度较大的叠置河道带。平面上，局部河道相互交汇，可形成宽度达 2~3km 的河道带，漫滩沉积分布范围相对较大。

（a）统 22 井，山₂，含砾粗砂岩

（b）统 24 井，山₂，含砾粗砂岩，板状交错层理

（c）召 18 井，山₂，中粗砂岩，楔状交错层理

（d）召 25 井，山₂，碳质泥岩

图 2-18　山₂ 段岩心样品岩相

该期气候仍以温暖湿润为主，河间湖泊发育，但沼泽微相不发育，泥岩以深灰—灰黑色为主。河道内沉积物以中粗粒砂岩为主，并以中、高水流能量体下的块状层理及平行层理等构造类型为主（图 2-19）。粒度概率累积曲线以跳跃、悬浮总体为主，表现为二段式，反映出沉积物粒度粗、水动力强的特点（图 2-20）。

（a）召 25 井，山₁，粗砂岩，平行层理

（b）召 25 井，山₁，中粗砂岩，块状层理

图 2-19　山₁ 段岩心样品岩相

（c）召17井，山₁，粗砂岩，块状层理　　　（d）召30井，山₁，中粗砂岩，块状层理

图2-19　山₁段岩心样品岩相（续）

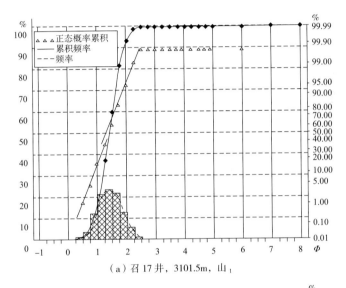

（a）召17井，3101.5m，山₁

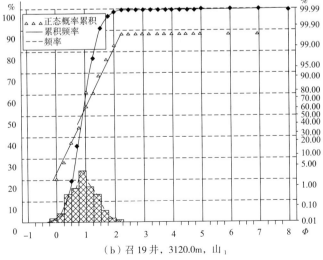

（b）召19井，3120.0m，山₁

图2-20　山₁段粒度概率累积曲线

3. 盒$_8^\text{下}$段

盒$_8^\text{下}$段沉积期物源区造山强烈，造成古陆地形复杂多变，山间水系发育，风化剥蚀明显，碎屑物充足，因此由山$_1$段的曲流河沉积体系转变为盒$_8^\text{下}$段的辫状河沉积体系。河道的侧向迁移和垂向叠置，使得盒$_8^\text{下}$段河道在苏里格气田东区大面积分布，复合河道带宽度达 3~5km，并且频繁交汇，漫滩亚相被河道分割成孤立状。

河道底部冲刷面上底砾岩发育，河道内沉积物粒度较粗，多为细砾、含砾中粗粒砂岩，砂体中有板状交错层理、楔状交错层理、平行层理，局部有槽状交错层理等高水流能量下的构造类型（图 2-21）。漫滩相以灰绿色、灰色泥岩为主，局部见杂色、紫红色泥岩，反映长期暴露干旱环境。其粒度概率累积曲线如图 2-22 所示。

（a）召 53 井，盒$_8^\text{下}$，含砾粗砂岩，具明显冲刷面　　　　（b）召 34 井，盒$_8^\text{下}$，细砾岩，块状层理

（c）召 29 井，盒$_8^\text{下}$，含砾粗砂岩，平行层理　　　　（d）召 45 井，盒$_8^\text{下}$，粗砂岩，槽状交错层理

图 2-21　盒$_8^\text{下}$段岩心样品岩相

4. 盒$_8^\text{上}$段

盒$_8^\text{上}$段沉积期与盒$_8^\text{下}$段沉积期相比，其盆地北部构造抬升区域更平稳，河流能量减小，沉积物供应量逐步减少，盒$_8^\text{上}$段以发育曲流河沉积体系为主。

河流仍呈南北向带状分布，但河道规模与盒$_8^\text{下}$段相比明显缩小，单期河道宽度多在 300~600m，多期叠置河道带的宽度也仅 1~2km，河道之间被广泛发育的漫滩沉积分割开来。河道砂岩仍以中粗粒砂岩为主，局部发育砾岩，但与盒$_8^\text{下}$段相比，细砂岩明显增多。泥岩以灰绿色、杂色泥岩为主，反映出半干旱环境下的洪泛平原沉积。

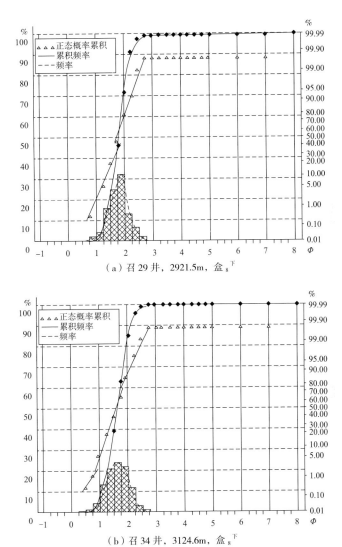

（a）召 29 井，2921.5m，盒$_8^\text{下}$

（b）召 34 井，3124.6m，盒$_8^\text{下}$

图 2-22 盒$_8^\text{下}$段粒度概率累积曲线

5.盒$_7$段

盒$_7$段沉积期继承了盒$_8^\text{上}$段沉积期的沉积环境，河流能量进一步减弱，沉积物供应量逐步减少，曲流河的规模进一步缩小。

河流呈南北向带状分布，河道带的宽度为 1~2km，河道之间被广泛发育的漫滩沉积分割开来。河道砂岩仍以中粗粒砂岩为主，局部发育砾岩，但与盒$_8^\text{下}$段相比，细砂岩明显增多。泥岩以灰绿色、杂色泥岩为主,局部见紫红色泥岩。

6.盒$_6$段

盒$_6$段沉积期继续了盒$_7$段的沉积特征,河流能量进一步减弱,沉积物供应量逐步减少,曲流河的规模进一步缩小。

河流呈南北向带状分布,河道带的宽度为1~1.5km,河道之间被广泛发育的漫滩沉积分割开来。河道砂岩仍以中粗粒砂岩为主。泥岩以杂色、紫红色泥岩为主。

7.盒$_4$段

盒$_4$段沉积期与盒$_6$段沉积期相比,鄂尔多斯盆地发生了区域性洪泛,河流水动力增强,河道规模明显扩大,宽度可达2~3km,漫滩沉积规模明显收缩。

河流呈南北向带状分布,河道带的宽度为1~2km,河道之间被广泛发育的漫滩沉积分割开来。河道砂岩以中粗粒砂岩为主,底部可见洪泛期沉积的砾岩。泥岩以紫红色泥岩为主。

2.5.2 主要目的层沉积相演化特征

如图2-23所示,苏里格气田东区早二叠世山西期—上石盒子期沉积可划分为三个阶段,即山西组、下石盒子组、上石盒子组,每个沉积阶段都包含了一个河流规模由大到小、水动力由强变弱的过程,三个阶段反映出的上古生界沉积相的演化过程,都是由该区构造背景与气候演化所控制的。

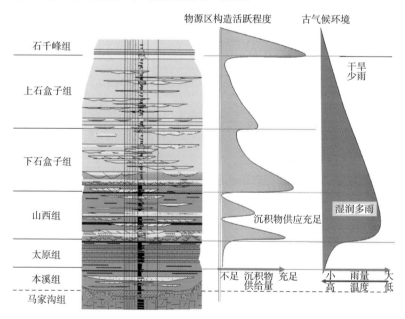

图2-23 早二叠世山西期—上石盒子期沉积演化控制因素

第 **3** 章

砂体特征

砂体的平面展布受到沉积相的严格控制，不同的沉积相类型与发育规模决定了不同的砂体空间发育特征。本书在对苏里格气田东区沉积相特征进行分析的基础上，对单砂体的规模、砂体的空间叠置特征，以及砂体垂向发育和平面展布特征开展了系统研究。

3.1 单砂体的规模

苏里格气田东区上古生界以陆相河流相储层为主，单砂体的发育规模由单条河道的规模和构成单元决定，对于辫状河来说，主要受控于心滩的发育规模，对于曲流河来说，主要受控于边滩的发育规模。

统计结果（图 3-1）表明，苏里格气田东区各层段单砂体平均厚度在 3.0~4.4m，平均厚度相差不大，说明沉积期单一河道的规模变化不大。主要目的层盒$_8$^{下}段、山$_1$段单砂体平均厚度分别为 3.7m、3.2m，而次要层位盒$_7$段、盒$_6$段单砂体平均厚度却在 4m 以上，分析认为导致这种结果的主要原因是盒$_8$^{下}段、山$_1$段沉积期河流的水动力强度较大，且可容纳空间的增加速率小于沉积物的供应速率，河道改道频繁，河道砂体横向发育能力明显强于垂向发育能力。

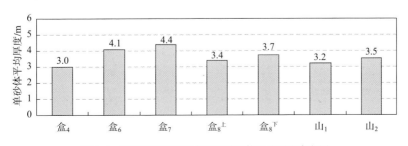

图 3-1 苏里格气田东区各层段单砂体平均厚度直方图

3.2 砂体的空间叠置特征

单砂体的厚度并不能代表砂体的规模，砂体发育程度的差异主要由单砂体在空间中出现的频率和空间叠置特征所决定。

统计结果（图 3-2）表明，苏里格气田东区各个层段砂体出现的频率存在较大差异，砂体发育个数基本上与河道发育规模相一致。主要目的层盒 $_8$ ^{下} 段、山 $_1$ 段平均钻遇单砂体个数分别为 4.5 个、4.0 个；山 $_2$ 段、盒 $_8$ ^{上} 段和盒 $_4$ 段平均钻遇单砂体个数分别为 3.3 个、3.0 个和 3.2 个；盒 $_7$ 段、盒 $_6$ 段则分别平均钻遇 1.7 个单砂体。

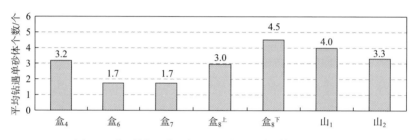

图 3-2 苏里格气田东区各层段平均钻遇单砂体个数直方图

有效单砂体的空间叠置特征受河道控制，本书将苏里格气田东区砂体的空间叠置特征划分为四种类型（表 3-1）。

表 3-1 苏里格气田东区砂体的空间叠置类型及其特征

分布类型	砂体特征	横切面形态	平面形态	成因
孤立型	单河道孤立分布，厚度小，平面上呈窄带状展布			沉积速率/可容纳空间增加速率≤1
叠加型	不同河道垂向叠加相连，厚度增大；河道宽度增加不大			沉积速率/可容纳空间增加速率≈1
侧切型	不同河道侧向切割相连，河道宽度显著增大；厚度未变			沉积速率/可容纳空间增加速率≥1
切割叠加型	不同河道侧向切割，垂向叠加，复合连片，河道宽度、厚度显著增大			属于以上两种情况的重复

孤立型：在三维空间内，单河道砂体孤立分布。砂体厚度小，平面上呈窄带状展布，该类型砂体是在沉积速率远小于可容纳空间增加速率的沉积条件下形成的。

叠加型：不同河道砂体垂向叠置，局部相连。单井钻遇砂体厚度明显增大，但上部河道对下部河道的明显切割作用，在测井曲线上两期河道间的物性夹层中不明显；平面上河道带仍呈窄带状展布，该类型砂体是在沉积速率接近可容纳空间增加速率的沉积条件下形成的。

侧切型：不同河道砂体侧向切割相连。单井钻遇砂体厚度变化不大，平面上河道带展布宽度明显增大，该类型砂体是在沉积速率远大于可容纳空间增加速率的沉积条件下形成的。

切割叠加型：不同河道砂体侧向切割、垂向叠加相连。砂体厚度和平面展布规模均明显增大，该类型砂体是在沉积速率与可容纳空间增加速率接近至沉积速率比可容纳空间增加速率大的沉积条件周期变化的情况下形成的。

3.3 砂体垂向发育特征

苏里格气田东区各层段砂体发育存在较大的差别（图 3-3），综合来看盒 $8^{下}$ 段砂体最为发育，其次为山 $_1$ 段、盒 $8^{上}$ 段、盒 $_4$ 段，盒 $_6$ 段、盒 $_7$ 段、山 $_2$ 段砂体发育较差（山 $_2$ 段砂体发育较差与部分井未钻穿山 2^3 段地层有关）。

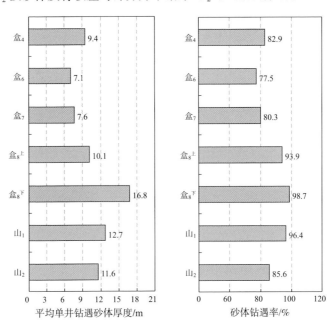

图 3-3 苏里格气田东区各层段砂体发育参数对比

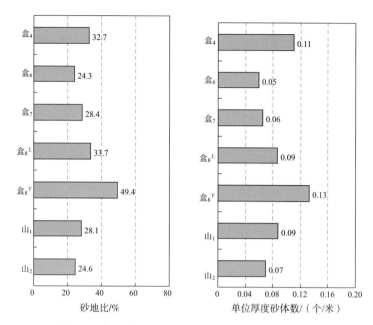

图 3-3　苏里格气田东区各层段砂体发育参数对比（续）

从平均单井钻遇砂体厚度看，盒$_8^下$段、山$_1$段最大，分别达到 16.8m 和 12.7m；山$_2$段、盒$_8^上$段、盒$_4$段次之，分别为 11.6m、10.1m 和 9.4m；盒$_6$段、盒$_7$段仅分别为 7.1m、7.6m。

砂体钻遇率反映平面上单砂体出现的概率，其值越大，砂体侧向切割的概率越大。盒$_8^下$段、山$_1$段和盒$_8^上$段砂体钻遇率均超过 90%，分别为 98.7%、96.4% 和 93.9%；山$_2$段、盒$_4$段、盒$_6$段和盒$_7$段砂体钻遇率分别为 85.6%、82.9%、77.5% 和 80.3%。

运用砂地比可以避免由砂体钻遇率和平均单井钻遇砂体厚度在不同地层厚度单元之间引发的错误，用砂地比作为指标对比不同层段砂体发育程度更为客观。盒$_8^下$段砂地比达到 49.4%；其次为盒$_8^上$段和盒$_4$段，砂地比分别为 33.7% 和 32.7%；山$_1$段、山$_2$段、盒$_6$段和盒$_7$段砂地比分别为 28.1%、24.6%、24.3% 和 28.4%。

单位厚度砂体数反映单砂体出现的频数，其值越大，砂体垂向叠置程度越高。盒$_8^下$段单位厚度砂体数为 0.13 个 / 米；其次为盒$_4$段，单位厚度砂体数为 0.11 个 / 米；其他层段单位厚度砂体数均在 0.10 个 / 米以下。

3.4　砂体平面展布特征

3.4.1　山$_2$段

山$_2$段单砂体厚度在 0.5~15.3m，平均厚度 3.4m，平均单井钻遇单砂体 3.3

个。单砂体厚度主要在 2~4m，占 41.7%，单砂体厚度大于 4m 的占比达到 28.5% （图 3-4）。山$_2$ 段砂体空间分布类型以孤立型和叠加型为主，局部砂体为侧切型。

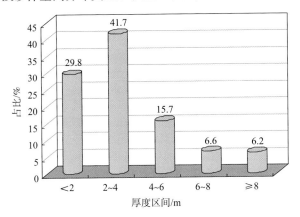

图 3-4 苏里格气田东区山$_2$ 段单砂体厚度分布

从山$_2$ 段砂体展布来看，其砂体呈近南北向的条带状，砂体的分布由沉积微相严格控制，砂体与曲流河道带的分布基本一致。山$_2$ 段砂体钻遇率 85.6%，单井钻遇砂体厚度在 0.8~43.5m，平均厚度 11.6m。厚度大于 10m 的砂体呈窄带状分布，厚度大于 15m 的区域分布于河道交汇处。

3.4.2 山$_1$ 段

山$_1$ 段单砂体厚度分布在 0.6~12.9m，平均厚度 3.2m，平均单井钻遇单砂体 4.0 个。单砂体厚度主要在 2~4m，占 48.3%，单砂体厚度大于 4m 的占比仅 22.6% （图 3-5）。山$_1$ 段单砂体空间分布类型以孤立型和叠加型为主，空间分布相对零散。

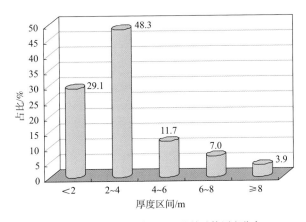

图 3-5 苏里格气田东区山$_1$ 段单砂体厚度分布

从山₁段砂体展布来看，其砂体呈近南北向的条带状，砂体的分布由沉积微相严格控制，砂体与曲流河道带的分布基本一致。山₁段砂体钻遇率96.4%，单井钻遇砂体厚度在1.0~39m，平均厚度12.7m，厚度大于15m的砂体呈条带状展布，宽度可达2~3km，厚度大于20m的区域多分布于河道带中央或河道交汇处，有一定的规模。

3.4.3　盒₈ᵀ段

盒₈ᵀ段单砂体厚度在0.6~12.8m，平均厚度3.2m，平均单井钻遇单砂体4.5个。单砂体厚度主要在2~4m，占43.3%，单砂体厚度大于4m的占比达到31.2%（图3-6）。盒₈ᵀ段单砂体空间分布类型以叠加型、侧切型和切割叠加型为主，与其他层位相比，砂体发育规模明显增大，且发育相对集中。

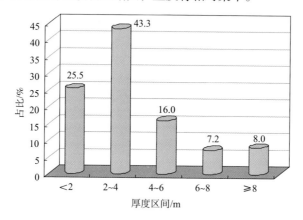

图3-6　苏里格气田东区盒₈ᵀ段单砂体厚度分布

从盒₈ᵀ段砂体展布来看，其砂体为大面积连片分布。盒₈ᵀ段砂体钻遇率98.7%，单井钻遇砂体厚度在1.1~38m，平均厚度16.8m。厚度大于20m的叠合砂带与辫状河河道带的分布基本一致，宽度可达3~5km。局部砂体叠置程度高，砂地比大于0.8，厚度可达30m以上。

3.4.4　盒₈ᵁ段

盒₈ᵁ段单砂体厚度在0.6~14.3m，平均厚度3.4m，平均单井钻遇单砂体3.0个。单砂体厚度主要在2~4m，占40.8%，4~6m厚度的单砂体也占有较大比例，达到21.8%，厚度大于6m的占比仅9.5%（图3-7）。单砂体空间分布类型以孤立型为主，分布较为零散。

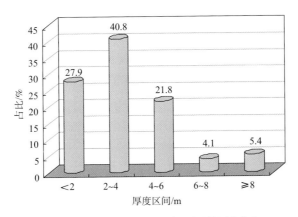

图 3-7 苏里格气田东区盒₈^上段单砂体厚度分布

从盒$_8^上$段砂体展布来看，其砂体与盒$_8^下$段砂体相比，发育规模明显变小，呈窄带状。盒$_8^上$段砂体钻遇率93.9%，单井钻遇砂体厚度在0.8~34.3m，平均厚度10.1m。厚度大于15m的砂体为条带状不连续分布，厚度大于20m的砂体在平面上呈点状零星分布。

3.4.5　盒$_7$段

盒$_7$段单砂体厚度在0.5~21.6m，平均厚度4.4m，平均单井钻遇单砂体1.7个。单砂体厚度主要在2~4m，占36.1%，单砂体厚度大于6m的占比为24.0%（图3-8）。盒$_7$段单砂体空间分布类型以孤立型为主，分布极为零散。

从盒$_7$段砂体展布来看，其砂体与盒$_8^上$段砂体相比，具有明显的相似性，仍呈窄带状，但规模进一步变小。盒$_7$段砂体钻遇率80.3%，单井钻遇砂体厚度在0.8~23.1m，平均厚度7.6m。厚度大于10m的砂体为短条带状不连续分布，厚度大于15m的砂体在平面上呈点状零星分布。

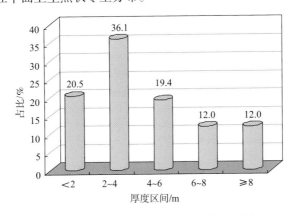

图 3-8 苏里格气田东区盒$_7$段单砂体厚度分布

3.4.6 盒₆段

盒₆段单砂体厚度在0.8~16.6m，平均厚度4.1m，平均单井钻遇单砂体1.7个。单砂体厚度主要在2~4m，占32.9%，单砂体厚度大于6m的占比为22.3%（图3-9）。盒₆段单砂体空间叠置类型为孤立型，分布极为零散。

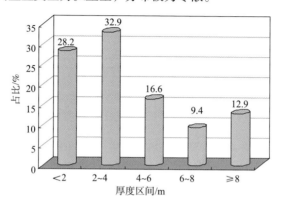

图 3-9　苏里格气田东区盒₆段单砂体厚度分布

从盒₆段砂体展布来看，其砂体与盒₇段砂体相似，仍呈窄带状，但规模进一步变小。盒₆段砂体钻遇率77.5%，单井钻遇砂厚度在0.7~26m，平均厚度7.1m。厚度大于10m的砂体为短条带状不连续分布，厚度大于15m的砂体在平面上呈点状零星分布。

3.4.7 盒₄段

盒₄段单砂体厚度在0.6~15.9m，平均厚度3.0m，平均单井钻遇单砂体3.2个。单砂体厚度主要在2~4m，占38.1%，单砂体厚度大于6m的占比为17.3%（图3-10）。盒₄段单砂体空间分布类型以孤立型为主，局部存在叠加型，分布较零散。

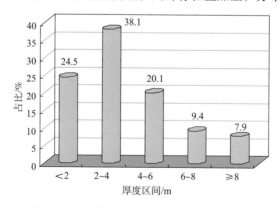

图 3-10　苏里格气田东区盒₄段单砂体厚度分布

从盒 $_4$ 段砂体展布来看，其砂体比盒 $_6$ 段砂体更为发育，但仍被河道带控制，呈带状。盒 $_4$ 段砂体钻遇率82.9%，单井钻遇砂体厚度在0.8~29.3m，平均厚度9.4m。厚度大于10m的砂体为条带状连续分布，宽度可达2~3km，厚度大于15m的砂体在平面上呈点状局部分布。

第**4**章

上古生界有效砂体特征

有效砂体的平面展布受有利沉积相的控制，不同的沉积相与发育规模决定了有效砂体的分布特征与发育规模。本书在研究沉积相和砂体平面展布的基础上，对有效单砂体的规模、有效砂体的空间叠置特征，以及有效砂体的垂向发育特征和展布特征开展系统研究。

4.1 有效单砂体的规模

苏里格气田东区有效砂体受控于沉积相类型（主要指心滩、边滩和底部滞留沉积）和成岩作用（主要起破坏作用）。虽然砂体大面积分布，但只有牵引流砾岩相、含砾粗砂岩相及中粗砂岩相可形成有效储层。

统计结果（图4-1）表明，苏里格气田东区主要目的层平均有效单砂体厚度在3.1~4.2m。此外，由下向上平均有效单砂体厚度基本呈规律性变化，表现为逐步递增的特点。与单砂体规模相比，有效单砂体的规模更小，空间分布更零散。

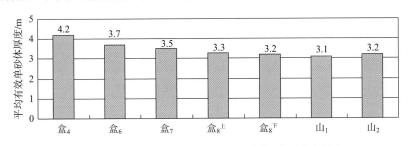

图4-1 苏里格气田东区各层段平均有效单砂体厚度直方图

4.2 有效砂体的空间叠置特征

有效砂体发育程度主要由多个有效单砂体在空间中的组合关系所决定。有效砂体的空间叠置特征受心滩、边滩的空间分布控制，与砂体空间关系具有很大的相似性。

通过对苏里格气田东区有效砂体进行精细解剖研究，将有效砂体的空间叠置特征划分为四种类型（表4-1）。

表4-1 苏里格气田东区有效砂体的空间叠置类型及特征

类型	剖面特征	有效砂体特征
孤立型		边滩、心滩孤立分布
垂向叠置型		边滩或心滩垂向叠置，复合砂体内存在两个或两个以上有效砂体，厚度大，或有夹层
横向拼接型		边滩或心滩与底部滞留沉积横向相连，或直接切割相连；横向连通范围较大
切割叠置型		心滩横向拼接，垂向多期叠置，厚度及横向展布规模大

孤立型：在三维空间内，高能的心滩或边滩孤立分布。该类有效储层厚度小，横向展布范围有限，多为点状分布，宽度多在300~500m，长度不超过1000m。该类型有效砂体在苏里格气田东区多个层位中普遍存在。

垂向叠置型：边滩或心滩垂向叠置，复合砂体内存在两个或两个以上的有效砂体，有效砂体累计厚度大，但横向分布范围有限。通常存在两种情况：一种是两个有效砂体完全叠置，在岩心观察中，可见明显的冲刷面，但在测井曲线上难以区分；另一种是两个有效砂体间存在明显的物性夹层，这种物性夹层既可能是另外一个低能的河道砂体，也可能是处于下边的河道砂体的顶部细粒沉积或上部砂体的底部滞留沉积。该类型有效砂体在苏里格气田东区局部存在，多在不同期河道交汇处发育。

横向拼接型：由两个或两个以上有效砂体横向相连而成。通常为边滩或心滩与底部滞留沉积横向相连，或直接切割相连。该类型有效砂体在苏里格气田东区主要发育在盒$_8^下$段，其次为山$_2$段底部及盒$_4$段。

切割叠置型：由多个有效砂体横向拼接、垂向叠置而成。有效砂体厚度和平面展布规模均明显增大，该类型有效砂体是在沉积速率与可容纳空间增加速率接近到沉积速率比可容纳空间增加速率大的沉积条件周期变化的情况下形成的。

4.3　有效砂体的垂向发育特征

苏里格气田东区各层段有效砂体发育特征存在较大差别（图 4-2）。盒$_8$^{下}段、山$_1$段有效砂体最为发育，有效砂体厚度分别占上古生界有效砂体厚度的 33.4%、27.8%；其次为山$_2$段、盒$_8$^{上}段，其有效砂体厚度分别占上古生界有效砂体厚度的 14.9%、12.0%；盒$_6$段、盒$_7$段、盒$_4$段合计有效砂体厚度占上古生界砂体有效厚度的 11.0%。可以看出，垂向上有效砂体集中分布在下部的山$_2$段—盒$_8$^{上}段，而上部有效砂体仅零星分布，所占比例很小。

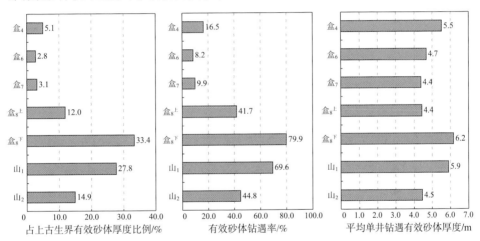

图 4-2　苏里格气田东区各层段有效砂体参数对比

有效砂体钻遇率表现出与占上古生界有效砂体厚度比例相似的特征。盒$_8$^{下}段、山$_1$段有效砂体钻遇率分别为 79.9%、69.6%；山$_2$段、盒$_8$^{上}段有效砂体钻遇率分别为 44.8%、41.7%；盒$_4$段、盒$_6$段、盒$_7$段有效砂体钻遇率分别为 16.5%、8.2%、9.9%。

从平均单井钻遇有效砂体厚度来看，盒$_8$^{下}段平均单井钻遇有效砂体厚度 6.2m，山$_1$段平均单井钻遇有效砂体厚度 5.9m，盒$_4$段平均单井钻遇有效砂体厚度 5.5m，其他层位平均单井钻遇有效砂体厚度均在 5m 以下。

4.4 有效砂体的展布特征

4.4.1 山₂段—山₁段

1. 有效砂体的剖面分布特征

苏里格气田东区山西组有效砂体主要分布在山₁段，且横向拼接型较多，东西向具有一定的展布范围，局部宽度可达3个井距；山₂段有效砂体较少，且以孤立型为主。

如图4-3所示，为苏里格气田东区苏东32-45井—苏东32-55井山西组气藏剖面（东西向），山₁段有效砂体明显比山₂段更发育。其中，苏东32-49井山₁¹段所钻遇有效砂体呈孤立型分布，厚度1.8m，横向展布在1个井距内；苏东32-47井山₁³段所钻遇有效砂体为垂向叠置型，两个垂向叠置有效砂体之间存在一物性夹层；苏东32-45井—苏东32-46井—苏东32-47井山₁¹段所钻遇有效砂体、苏东32-49井—苏东32-50井—苏东32-51井山₁²段所钻遇有效砂体、苏东32-50井—苏东32-51井山₁³段所钻遇有效砂体均为横向拼接型，有效砂体规模大，宽度可到2~3个井距。山₂段有效砂体以孤立的零星分布为主。

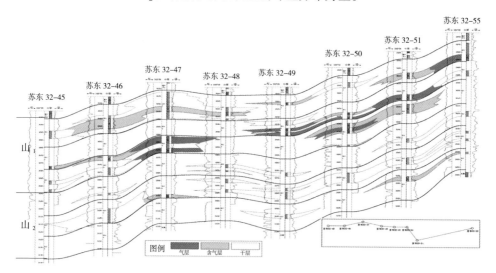

图4-3　苏里格气田东区苏东32-45井—苏东32-55井山西组气藏剖面

如图4-4所示，为苏里格气田东区苏东41-49井—苏东28-54井山西组气藏剖面（南北向），沿山₁段主河道带走向，多个有效砂体横向拼接，连续性较好。局部延伸可达3~5个排距，如苏东37-47井—苏东36-47井—苏东35-48井—苏东34-49井—苏东32-49井山₁¹段所钻遇有效砂体长度达到5个排距。

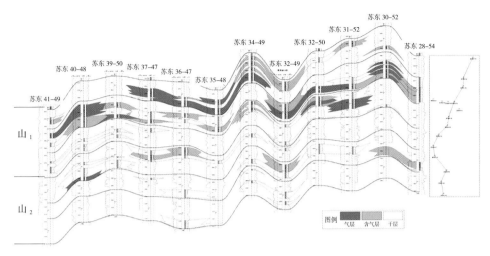

图 4-4　苏里格气田东区苏东 41-49 井—苏东 28-54 井山西组气藏剖面

2. 山₂段有效砂体的展布特征

山₂段有效单砂体厚度分布在 0.8~8.5m，平均有效单砂体厚度 3.2m。有效单砂体厚度小于 3m 的占比达到 61.0%，有效单砂体厚度在 3~5m 的占比达到 26.1%，有效单砂体厚度大于 5m 的占比较小，仅 12.9%（图 4-5）。

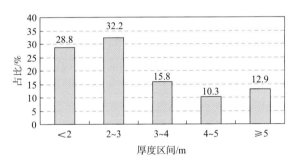

图 4-5　苏里格气田东区山₂段有效单砂体厚度分布直方图

山₂段有效砂体钻遇率 44.8%，厚度在 1.0~16.1m，平均单井钻遇有效砂体厚度 4.5m，有效砂体以孤立型为主，局部存在横向拼接型。大于 4m 的区域零散分布。

3. 山₁段有效砂体的展布特征

山₁段有效单砂体厚度分布在 0.6~7.6m，平均有效单砂体厚度 3.1m。有效单砂体厚度小于 3m 的占比达到 56.4%，有效单砂体厚度在 3~5m 的占比达到 31.8%，有效单砂体厚度大于 5m 的占比较小，仅 11.8%（图 4-6）。

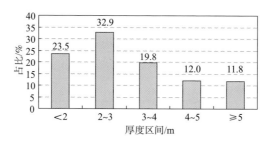

图 4-6 苏里格气田东区山$_1$段有效单砂体厚度分布直方图

4.4.2 盒$_8$段

1. 有效砂体的剖面分布特征

苏里格气田东区盒$_8$段有效砂体最为发育，占上古生界有效砂体厚度的比例达到 45.4%。其中：盒$_8^{\text{下}}$段有效砂体厚度占上古生界有效砂体厚度的比例达到 33.4%，砂体主要为横向拼接型和切割叠置型，多期复合叠置展布范围大；盒$_8^{\text{上}}$段有效砂体较少，其厚度占上古生界有效砂体厚度比例为 12%，且砂体以孤立型为主，局部存在横向拼接型和垂向叠加型。

如图 4-7 所示，为苏里格气田东区苏东 32-45 井—苏东 32-50 井石盒子组盒$_8$段气藏剖面（东西向），该剖面盒$_8^{\text{下}}$段有效砂体明显比盒$_8^{\text{上}}$段发育。盒$_8^{\text{下}}$段有效砂体规模较大，苏东 32-50 井 4 个有效单砂体垂向叠置，厚度达 18.7m；苏东 32-45 井—苏东 32-46 井—苏东 32-47 井—苏东 32-48 井盒$_8^{\text{下}}$段钻遇的有效砂体厚度在 4.0~7.5m，横向宽度达 3 个井距；苏东 32-45 井—苏东 32-46 井—苏东 32-47 井—苏东 32-48 井—苏东 32-49 井—苏东 32-50 井盒$_8^{\text{下}}$段钻遇有效砂体厚度在 5.0~16.2m，横向宽度达 5 个井距。

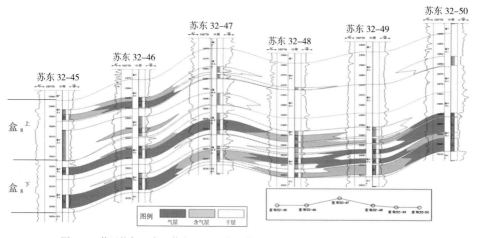

图 4-7 苏里格气田东区苏东 32-45 井—苏东 32-50 井石盒子组盒$_8$段气藏剖面

如图 4-8 所示，为苏里格气田东区苏东 19-31 井—苏东 18-40 井石盒子组盒$_8$段气藏剖面（东西向），该剖面盒$_8^下$段有效砂体呈孤立状分布，而盒$_8^上$段有效砂体不发育。

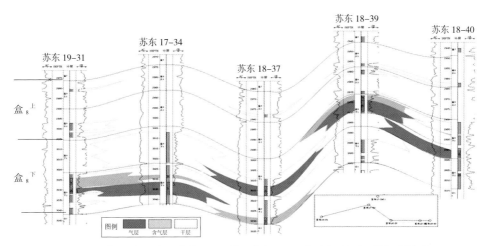

图 4-8　苏里格气田东区苏东 19-31 井—苏东 18-40 井石盒子组盒$_8$段气藏剖面

如图 4-9 所示，为苏里格气田东区苏东 35-48 井—苏东 28-45 井石盒子组盒$_8$段气藏剖面（南北向），在盒$_8^下$段大型复合砂体内，有效砂体有一定的发育规模，但因局部变化较大，影响了储层的连续性。如苏东 33-47 井在盒$_8^2$小层钻遇砂体厚度达 20m，而发育有效砂体厚度不到 2.0m。此外，有效储层物性普遍较差，以含气层为主。

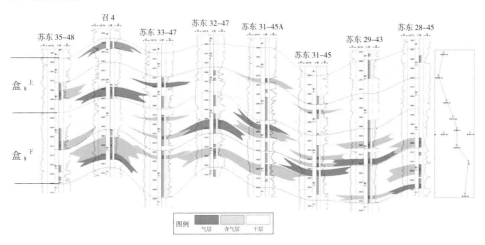

图 4-9　苏里格气田东区苏东 35-48 井—苏东 28-45 井石盒子组盒$_8$段气藏剖面

如图 4-10 所示,为苏里格气田东区苏东 19-34 井—召 61 井石盒子组盒$_8$段气藏剖面(南北向),该剖面有效砂体也主要发育在盒$_8^下$段,并以垂向叠置型为主,而横向拼接型不发育,有效砂体厚度较大,但横向展布范围较小。

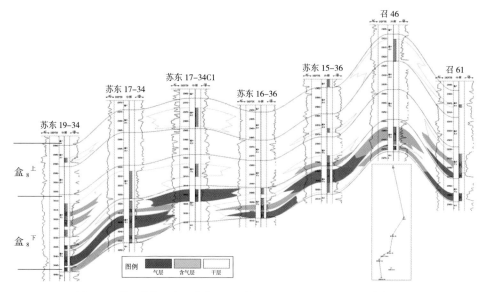

图 4-10 苏里格气田东区苏东 19-34 井—召 61 井石盒子组盒$_8$段气藏剖面

2. 盒$_8^下$段有效砂体的展布特征

盒$_8^下$段有效单砂体厚度分布在 0.8~8.0m,平均有效单砂体厚度 3.2m。有效单砂体厚度小于 3m 的占比达到 55.7%,有效单砂体厚度在 3~5m 的占比达到 30.6%,有效单砂体厚度大于 5m 的占比较小,仅 13.7%(图 4-11)。

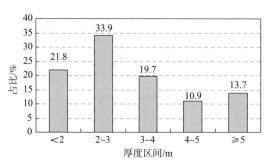

图 4-11 苏里格气田东区盒$_8^下$段有效单砂体厚度分布直方图

3. 盒$_8^上$段有效砂体的展布特征

盒$_8^上$段有效单砂体厚度分布在 0.8~8.8m,平均有效单砂体厚度 3.3m。有效单砂体厚度小于 3m 的占比达到 50.8%,有效单砂体厚度在 3~5m 的占比达到 35.4%,有效单砂体厚度大于 5m 的占比较小,仅 13.8%(图 4-12)。

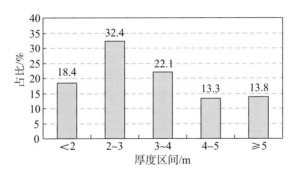

图 4-12 苏里格气田东区盒$_8^{上}$段有效单砂体厚度分布直方图

盒$_8^{上}$段有效砂体以孤立型为主，有效砂体沿河道带局部发育，该段有效砂体钻遇率 41.7%，单井钻遇有效砂体厚度在 1.0~24.1m，平均单井钻遇有效砂体厚度 4.4m，厚度大于 4m 的区域有一定的分布，但不连续，仅在局部位置分布相对集中，如苏东 45–67 井—苏东 54–61 井有效砂体连续分布长度达 14km，宽度在 1.5~2.7km。

4.4.3 盒$_7$段—盒$_4$段

1. 有效砂体的剖面分布特征

盒$_7$段—盒$_4$段为苏里格气田东区次要层位，在进行井位部署时，多作兼顾层予以考虑。盒$_7$段—盒$_4$段有效砂体总体上不发育，从有效砂体钻遇率来看，盒$_7$段、盒$_6$段、盒$_4$段分别为 9.9%、8.2%、16.5%，且含气饱和度偏低，测井解释结果多为含气层；从有效砂体厚度占上古生界有效砂体厚度来看，盒$_7$段、盒$_6$段、盒$_4$段分别为 3.1%、2.8%、5.1%；单井钻遇有效砂体厚度与主力层结果相差不大，盒$_7$段、盒$_6$段、盒$_4$段分别为 4.4m、4.7m、5.5m。以上说明盒$_7$段—盒$_4$段有效砂体以局部点状发育为主，呈孤立型分布，局部存在横向拼接型和垂向叠加型。

如图 4-13 所示，为苏里格气田东区苏东 34–49 井—苏东 33–64 井盒$_7$段—盒$_4$段气藏剖面（东西向），可以看出有效砂体零星分布于部分层位，该剖面上仅盒$_7$段、盒$_4$段存在有效砂体。苏东 34–61 井—苏东 33–63 井在盒$_4$段钻遇拼接型有效砂体，其余有效砂体均被单井钻遇，为孤立型。

如图 4-14 所示，为苏里格气田东区苏东 33–41 井—苏东 27–53 井盒$_7$段—盒$_4$段气藏剖面（南西至北东方向），可以看出有效砂体零星分布于盒$_4$段、盒$_6$段、盒$_7$段。除了苏东 32–45 井、苏东 30–47 井在盒$_4$段钻遇叠置型有效砂体，其余均为孤立型有效砂体。但单个有效砂体厚度较大，如苏东 31–41 井、苏东 29–46 井在盒$_6$段所钻遇的有效单砂体，其厚度分别为 8.0m、6.7m。

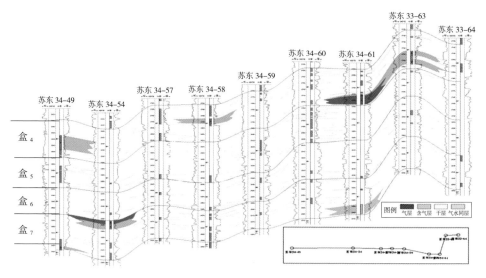

图 4-13　苏里格气田东区苏东 34-49 井—苏东 33-64 井盒$_7$段—盒$_4$段气藏剖面

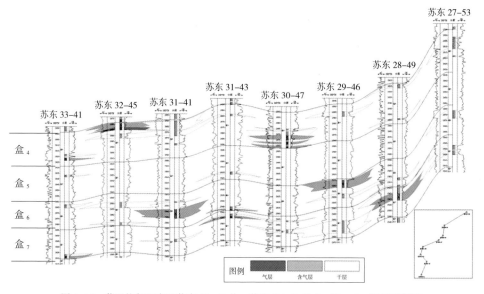

图 4-14　苏里格气田东区苏东 33-41 井—苏东 27-53 井盒$_7$段—盒$_4$段气藏剖面

2. 盒$_7$段有效砂体的展布特征

盒$_7$段有效单砂体厚度分布在 0.8~7.1m，平均有效单砂体厚度 3.5m。有效单砂体厚度小于 3m 的占比达到 47.0%，有效单砂体厚度在 3~5m 的占比达到 35.7%，有效单砂体厚度大于 5m 的占比较小，仅 17.3%（图 4-15）。

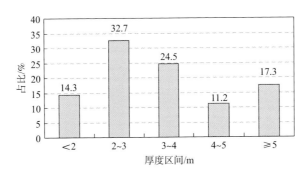

图 4-15　苏里格气田东区盒$_7$段有效单砂体厚度分布直方图

盒$_7$段有效砂体以孤立型为主，并沿河道带局部发育，该段有效砂体钻遇率仅
9.9%，单井钻遇有效砂体厚度在 1.3~13.5m，平均单井钻遇有效砂体厚度 4.4m，在
平面上分布极为零散，且以单井钻遇为主。

3. 盒$_6$段有效砂体的展布特征

盒$_6$段有效单砂体厚度分布在 0.8~8.5m，平均有效单砂体厚度 3.7m。有效单
砂体厚度小于 3m 的占比达到 40.7%，有效单砂体厚度在 3~5m 的占比达到 39.5%，
有效单砂体厚度大于 5m 的占比较大，达 19.8%（图 4-16）。

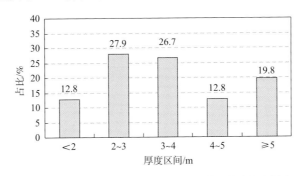

图 4-16　苏里格气田东区盒$_6$段有效单砂体厚度分布直方图

盒$_6$段有效砂体以孤立型为主，并沿河道带局部发育，该段有效砂体钻遇率仅
8.2%，单井钻遇有效砂体厚度在 1.3~12m，平均单井钻遇有效砂体厚度 4.7m，在
平面上分布极为零散，且以单井钻遇为主。

4. 盒$_4$段有效砂体的展布特征

盒$_4$段有效单砂体厚度分布在 0.9~7.3m，平均有效单砂体厚度 4.2m。有效单
砂体厚度小于 3m 的占比达到 41.9%，有效单砂体厚度在 3~5m 的占比较大，达到
53.8%，有效单砂体厚度大于 5m 的占比较小，仅 4.3%（图 4-17）。

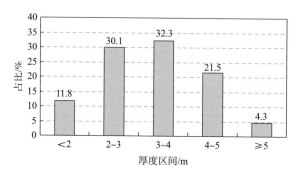

图 4-17 苏里格气田东区盒$_4$段有效单砂体厚度分布直方图

盒$_4$段有效砂体以孤立型为主，局部存在横向拼接型和垂向叠加型。有效砂体沿河道带局部发育，有效砂体钻遇率 16.5%，单井钻遇有效砂体厚度在 1.1~22.3m，平均单井钻遇有效砂体厚度 5.5m。厚度大于 4m 的区域分布相对集中，如沿苏东 23-53 井—苏东 28-57 井、苏东 36-56 井—苏东 44-57 井、苏东 55-61 井—苏东 58-59 井一线断续分布长达 30km，宽度在 1.0~1.5km。

第5章

上古生界储层物性和含气性评价

5.1 物性及含气性统计学特征

5.1.1 岩心物性分析

1.岩心物性统计学特征

本书共对苏里格气田东区目的层段 792 个样品进行了岩心物性统计分析（表 5-1）。孔隙度最大值 19.9%，最小值 3.2%，平均值 9.4%；渗透率最小值 0.004mD，最大值 46.390mD，平均值 1.225mD。储层总体表现为低孔、低渗特征。

表 5-1 苏里格气田东区化验分析岩心物性统计

层位	样品数 / 个	孔隙度 /%			渗透率 /mD		
		最小值	最大值	平均值	最小值	最大值	平均值
盒$_4$	19	5.9	15.4	11.1	0.020	16.600	3.805
盒$_6$	17	6.1	16.4	10.2	0.020	5.990	0.915
盒$_7$	30	4.9	14.1	9.7	0.080	2.750	0.857
盒$_8^{上}$	123	3.4	19.9	9.3	0.050	14.160	0.662
盒$_8^{下}$	352	3.3	16.0	9.5	0.010	20.680	0.758
山$_1$	137	3.2	15.8	8.8	0.021	2.069	0.410
山$_2$	114	3.3	14.5	7.5	0.004	46.390	1.165
合计 / 平均	792	3.2	19.9	9.4	0.004	46.390	1.225

孔隙度、渗透率在垂向上有规律性变化，即总体上向上均有增大趋势，分析认为主要由不同深度储层成岩压实作用差异造成的。

2. 孔渗相关性分析

苏里格气田东区孔隙度、渗透率相关性较好，总体上随着孔隙度的增大，渗透率呈指数增长（图 5-1）。孔隙度和渗透率具有明显的正相关性，说明该区储层主要为孔隙型储层。部分样品远离趋势线，分析认为：位于 A 区的样品可能存在微裂缝，导致渗透率明显增大；位于 B 区的样品对渗透率贡献较大的大孔所占比例较小，而晶间孔占比较大，导致孔隙度较大，但渗透率未相应增大。

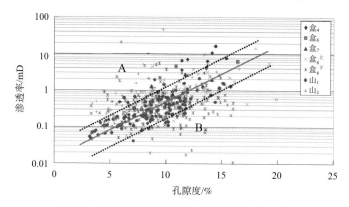

图 5-1　苏里格气田东区孔隙度与渗透率相关性分析

5.1.2　测井物性、含气性分析

对苏里格气田东区 750 口井的测井解释结果进行统计分析（表 5-2），孔隙度最大值 18.5%，最小值 5.0%（苏里格气田有效储层下限），平均值 9.6%；渗透率最小值 0.060mD，最大值 6.970mD，平均值 0.605mD；含气饱和度最小值 11.6%，最大值 88.3%，平均值 57.6%。苏里格气田东区测井解释孔隙度、渗透率总体上向上也有增大趋势，说明物性受压实作用的影响明显，而含气饱和度总体上向上有明显下降趋势，这主要与各层段距烃源岩的距离有关。

表 5-2　苏里格气田东区测井解释物性统计

层位	孔隙度 /%			渗透率 /mD			含气饱和度 /%		
	最小值	最大值	平均值	最小值	最大值	平均值	最小值	最大值	平均值
盒$_4$	6.7	18.5	10.5	0.160	6.970	0.634	14.9	72.1	51.7
盒$_6$	6.3	14.1	10.0	0.100	2.086	0.622	35.1	71.8	53.7
盒$_7$	5.0	17.9	9.6	0.150	3.050	0.570	28.5	73.6	53.8
盒$_8^{上}$	5.0	16.6	9.9	0.110	3.367	0.706	25.6	86.8	60.1
盒$_8^{下}$	5.0	17.3	10.5	0.100	3.430	0.610	11.6	88.0	61.7

续表

层位	孔隙度 /%			渗透率 /mD			含气饱和度 /%		
	最小值	最大值	平均值	最小值	最大值	平均值	最小值	最大值	平均值
山₁	5.0	16.2	9.3	0.094	5.530	0.537	43.4	88.3	66.2
山₂	5.0	11.6	7.7	0.060	4.573	0.555	15.2	82.8	56.3
合计 / 平均	5.0	18.5	9.6	0.060	6.970	0.605	11.6	88.3	57.6

盒$_4$段：孔隙度最大值 18.5%，最小值 6.7%，平均值 10.5%，在研究层段中最大；渗透率最小值 0.160mD，最大值 6.970mD，平均值 0.634mD；含气饱和度最小值 14.9%，最大值 72.1%，平均值 51.7%，在研究层段中最小。

盒$_6$段：孔隙度最大值 14.1%，最小值 6.3%，平均值 10.0%；渗透率最小值 0.100mD，最大值 2.086mD，平均值 0.622mD；含气饱和度最小值 35.1%，最大值 71.8%，平均值 53.7%。

盒$_7$段：孔隙度最大值 17.9%，最小值 5.0%，平均值 9.6%；渗透率最小值 0.150mD，最大值 3.050mD，平均值 0.570mD；含气饱和度最小值 28.5%，最大值 73.6%，平均值 53.8%。

盒$_8^{上}$段：孔隙度最大值 16.6%，最小值 5.0%，平均值 9.9%；渗透率最小值 0.110mD，最大值 3.367mD，平均值 0.706mD；含气饱和度最小值 25.6%，最大值 86.8%，平均值 60.1%。

盒$_8^{下}$段：孔隙度最大值 17.3%，最小值 5.0%，平均值 10.5%；渗透率最小值 0.100mD，最大值 3.430mD，平均值 0.610mD；含气饱和度最小值 11.6%，最大值 88.0%，平均值 61.7%。

山$_1$段：孔隙度最大值 16.2%，最小值 5.0%，平均值 9.3%；渗透率最小值 0.094mD，最大值 5.530mD，平均值 0.537mD；含气饱和度最小值 43.4%，最大值 88.3%，平均值 66.2%。

山$_2$段：孔隙度最大值 11.6%，最小值 5.0%，平均值 7.7%；渗透率最小值 0.060mD，最大值 4.573mD，平均值 0.555mD；含气饱和度最小值 15.2%，最大值 82.8%，平均值 56.3%。

5.2　物性平面分布特征

为了弄清各研究层段物性的平面分布规律，本书对各研究层段渗透率的平面分布进行了精确刻画。现将各层段的渗透率平面分布特征叙述如下。

5.2.1 山₂段

山₂段渗透率在 0.060~4.573mD，平均值 0.555mD。渗透率主要分布在 0.1~0.5mD，占比 68.3%。渗透率大于 0.9mD 的占比仅 11.7%（图 5-2）。从平面分布看，河道带内渗透率背景值在 0.1~0.5mD，大于 0.5mD 的区域主要位于高能的边滩部位，或河流汇聚部位。

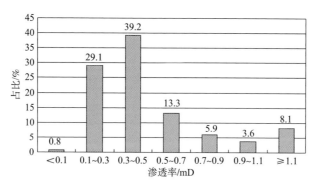

图 5-2 苏里格气田东区山₂段渗透率平面分布直方图

5.2.2 山₁段

山₁段渗透率在 0.094~5.530mD，平均值 0.537mD。渗透率主要分布在 0.1~0.7mD，占比 79.3%。渗透率大于 0.9mD 的占比仅 8.8%（图 5-3）。从平面分布看，河道带内渗透率背景值在 0.3~0.7mD，大于 0.7mD 的区域较小。

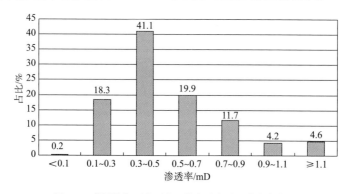

图 5-3 苏里格气田东区山₁段渗透率平面分布直方图

5.2.3 盒₈下段

盒₈下段渗透率在 0.100~3.430mD，平均值 0.610mD。渗透率主要分布在 0.1~0.7mD，占比 72.4%。渗透率大于 0.9mD 的区域有一定规模，达 18.4%

（图 5-4）。从平面分布看，河道带内渗透率背景值在 0.3~0.5mD，大于 0.5mD 的区域与叠置河道带的分布基本一致。

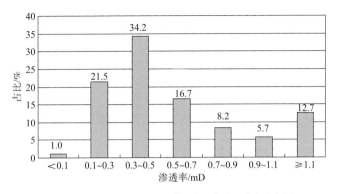

图 5-4　苏里格气田东区盒$_8^\text{下}$段渗透率平面分布直方图

5.2.4　盒$_8^\text{上}$段

盒$_8^\text{上}$段渗透率在 0.110~3.367mD，平均值 0.706mD。渗透率主要分布在 0.1~0.7mD，占比 66.9%（图 5-5）。从平面分布看，河道带内渗透率背景值在 0.1~0.3mD，大于 0.9mD 的井所占比例较大，达到 27.4%，但分布零散，反映低能河道背景上局部发育高渗的优质储层。

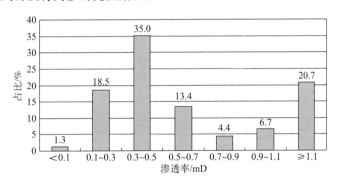

图 5-5　苏里格气田东区盒$_8^\text{上}$段渗透率平面分布直方图

5.2.5　盒$_7$段

盒$_7$段渗透率在 0.150~3.050mD，平均值 0.570mD。渗透率主要分布在 0.1~0.7mD，占比 81.0%（图 5-6）。从平面分布看，河道带内渗透率背景值在 0.1~0.3mD，大于 0.9mD 的井所占比例较小，仅 10.7%，分布零散，反映储层总体致密，仅局部发育高渗储层。

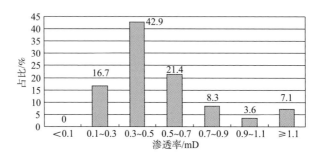

图 5-6 苏里格气田东区盒$_7$段渗透率平面分布直方图

5.2.6 盒$_6$段

盒$_6$段渗透率在 0.100~2.086mD，平均值 0.622mD。渗透率主要分布在 0.1~0.7mD，占比 68.2%（图 5-7）。从平面分布看，其与盒$_7$段相似，河道带内渗透率背景值在 0.1~0.3mD，大于 0.9mD 的井所占比例不大，为 18.2%，分布零散，反映储层总体致密，仅局部发育高渗储层。

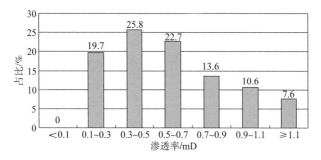

图 5-7 苏里格气田东区盒$_6$段渗透率平面分布直方图

5.2.7 盒$_4$段

盒$_4$段渗透率在 0.160~6.970mD，平均值 0.634mD。渗透率主要分布在 0.3~0.7mD，占比 67.4%（图 5-8）。从平面分布看，河道带内渗透率背景值在 0.1~0.5mD，大于 0.9mD 的井所占比例较小，仅 12.3%。

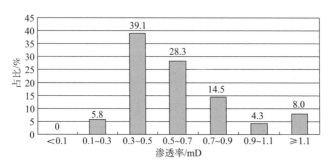

图 5-8 苏里格气田东区盒$_4$段渗透率平面分布直方图

5.3 含气饱和度平面分布特征

为了弄清各研究层段含气性的平面分布规律，本书对各研究层段含气饱和度的平面分布进行了精确刻画。

5.3.1 山$_2$段

山$_2$段含气饱和度在 15.2%~82.8%，平均值 56.3%。含气饱和度主要分布在 50%~60%，占比 47.6%。含气饱和度在 60%~70% 的占比为 27.2%（图5-9）。从平面分布看，河道带含气饱和度背景值在 50%~60%，仅在局部井点大于60%，主要为部分物性较好的边滩部位。

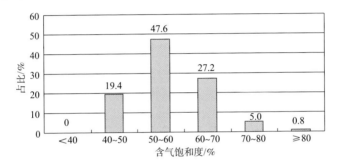

图 5-9 苏里格气田东区山$_2$段含气饱和度平面分布直方图

5.3.2 山$_1$段

与山$_2$段相比，山$_1$段含气饱和度较高，在 43.4%~88.3%，平均值 66.2%。含气饱和度主要分布在 60%~70%，占比 38.0%（图5-10）。从平面分布看，河道带含气饱和度背景值在 60%~70%，大于 70% 的区域沿河道带分布较广。

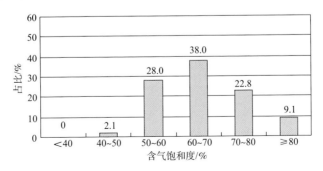

图 5-10 苏里格气田东区山$_1$段含气饱和度平面分布直方图

5.3.3　盒$_8^\text{下}$段

盒$_8^\text{下}$段含气饱和度在 11.6%~88.0%，平均值 61.7%。含气饱和度主要分布在 50%~60%，占比 40.8%（图 5-11）。从平面分布看，河道带含气饱和度背景值在 50%~60%，大于 60% 的区域沿河道带分布较广，大于 70% 的区域在南部零星分布。含气饱和度在边线总体上为南部大于北部，在河道带为中部大于边部。

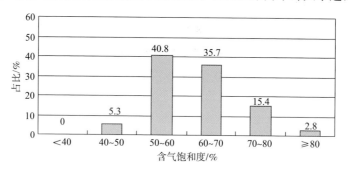

图 5-11　苏里格气田东区盒$_8^\text{下}$段含气饱和度平面分布直方图

5.3.4　盒$_8^\text{上}$段

盒$_8^\text{上}$段含气饱和度在 25.6%~86.8%，平均值 60.1%。含气饱和度主要分布在 50%~60%，占比 51.0%（图 5-12）。从平面分布看，河道带含气饱和度背景值在 50%~60%，大于 60% 的区域分布相对集中，主要在南部中砂带。

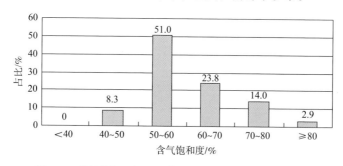

图 5-12　苏里格气田东区盒$_8^\text{上}$段含气饱和度平面分布直方图

5.3.5　盒$_7$段

盒$_7$段含气饱和度在 28.5%~73.6%，平均值 53.8%。含气饱和度主要分布在 50%~60%，占比 64.3%（图 5-13）。从平面分布看，河道带含气饱和度背景值在 50%~60%，大于 60% 的区域仅在少数井点。

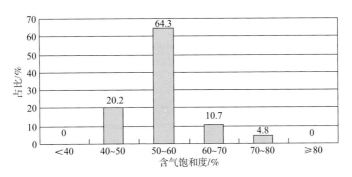

图 5-13 苏里格气田东区盒$_7$段含气饱和度平面分布直方图

5.3.6 盒$_6$段

盒$_6$段含气饱和度在 35.1%~71.8%，平均值 53.7%，含气饱和度分布非常集中，主要分布在 50%~60%，占比 80.3%（图 5-14）。从平面分布看，与盒$_7$段类似，河道带含气饱和度背景值在 50%~60%，仅在极少数井点大于 60%。

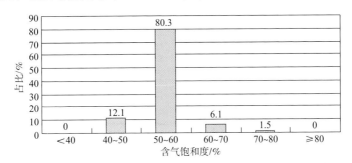

图 5-14 苏里格气田东区盒$_6$段含气饱和度平面分布直方图

5.3.7 盒$_4$段

盒$_4$段含气饱和度在 14.9%~72.1%，平均值 51.7%。含气饱和度主要分布在 50%~60%，占比 59.4%（图 5-15）。从平面分布看，河道带含气饱和度背景值在 50%~60%，仅在少数井点大于 60%。

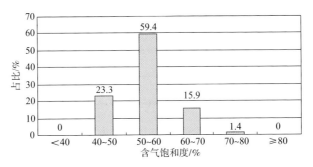

图 5-15 苏里格气田东区盒$_4$段含气饱和度平面分布直方图

第6章 上古生界储层分类评价

制定评价标准是储层定性评价的关键和基础内容之一。依据储层常规物性分析、铸体分析、压汞分析结果，结合测井解释和生产资料，对苏里格气田东区储层进行综合评价。

6.1 储层分类标准

本书主要采用了中国石油长庆油田分公司有关天然气储层的分类标准。综合岩性、孔隙类型、物性及孔隙结构特征，将本区的储层划分为四类，其划分标准见表6-1。

表6-1 苏里格气田东区上古生界储层分类

项目		Ⅰ类储层	Ⅱ类储层	Ⅲ类储层	Ⅳ类储层
孔隙度/%		＞11	8~11	5~8	＜5
渗透率/mD		＞1	0.5~1	0.1~0.5	＜0.1
含气饱和度/%		＞60	50~60	40~50	＜40
岩性		石英砂岩	石英砂岩、岩屑石英砂岩	岩屑石英砂岩、岩屑砂岩	以岩屑砂岩为主
孔隙组合		粒间孔—溶孔	溶孔—晶间孔	溶孔—微孔	微孔
孔隙结构	面孔率/%	＞4.0	2.5~4.0	0.5~2.5	＜0.5

项目		Ⅰ类储层	Ⅱ类储层	Ⅲ类储层	Ⅳ类储层
孔隙结构	中值喉道半径 /μm	> 0.5	0.2~0.5	0.05~0.2	< 0.05
	排驱压力 /MPa	< 0.5	0.5~0.85	0.85~1.0	> 1.0
	最大连通喉道 /μm	> 1.5	1.0~1.5	0.5~1.0	< 0.5
	歪度	粗歪度	较粗歪度	较细歪度	细歪度
	分选	好—中等	好	较好	差

其中，Ⅰ类、Ⅱ类储层是苏里格气田东区的优质储层，Ⅲ类储层是苏里格气田东区的中等储层，Ⅳ类储层可认为是非储层。

6.1.1　Ⅰ类储层

Ⅰ类储层主要为心滩、边滩强水流环境下沉积的含砾粗粒石英砂岩储层。孔隙度大于11%，渗透率一般大于1mD，含气饱和度大于60%。压汞排驱压力小于0.5MPa，最大汞饱和度一般大于80%；退汞效率高，一般大于46%；中值喉道半径一般大于0.5μm，分选性好；压汞曲线为平台型，孔喉连通性好，粗歪度（图6-1）；孔隙组合类型为粒间孔、溶孔。储集物性好，是苏里格气田东区最好的储层。

（a）召17井，3033.91m，盒8，粒间孔、晶间孔　　　　（b）统28井，2754.38m，盒8，溶孔

图6-1　Ⅰ类储层孔隙类型及孔隙结构特征

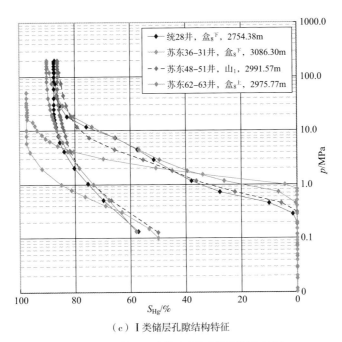

（c）Ⅰ类储层孔隙结构特征

图 6-1　Ⅰ类储层孔隙类型及孔隙结构特征（续）

6.1.2　Ⅱ类储层

Ⅱ类储层主要为心滩、边滩等较强水流环境下沉积的含砾粗粒岩屑石英砂岩储层。孔隙度在 8%~11%，渗透率在 0.5~1mD，含气饱和度在 50%~60%。压汞排驱压力在 0.5~0.85MPa，中值喉道半径在 0.2~0.5 μm，最大汞饱和度一般大于 60%；退汞效率较高，一般大于 40%；压汞曲线为具一定斜率的平台型，孔喉分选性较好；孔隙组合类型为晶间孔—溶孔、溶孔（图 6-2），是苏里格气田东区主要的孔隙结构类型。

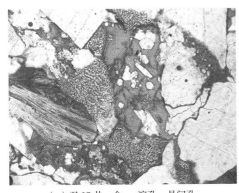

（a）召 37 井，盒 8，溶孔—晶间孔

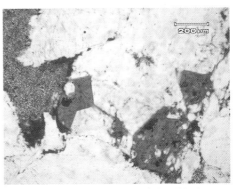

（b）苏东 61-45 井，盒 8，溶孔—晶间孔

图 6-2　Ⅱ类储层孔隙类型及孔隙结构特征

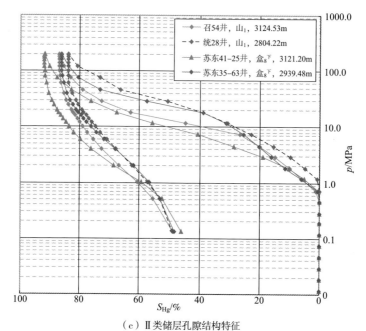

（c）Ⅱ类储层孔隙结构特征

图6-2　Ⅱ类储层孔隙类型及孔隙结构特征（续）

6.1.3　Ⅲ类储层

　　Ⅲ类储层孔隙度在5%~8%，渗透率在0.1~0.5mD，含气饱和度在40%~50%。压汞排驱压力在0.85~1.0MPa，最大汞饱和度一般大于40%，退汞效率一般大于36%；中值喉道半径在0.05~0.2μm；压汞曲线平台斜率大，孔喉连通性较差，孔隙组合类型主要为微孔—晶间孔、溶孔—晶间孔（图6-3）。该类型储层在苏里格气田东区也较为发育。

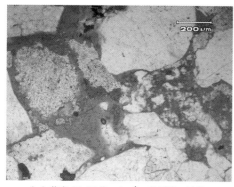

（a）苏东30-47井，盒$_8^上$，晶间孔、溶孔

（b）苏东36-31井，盒$_8^下$，晶间孔

图6-3　Ⅲ类储层孔隙类型及孔隙结构特征

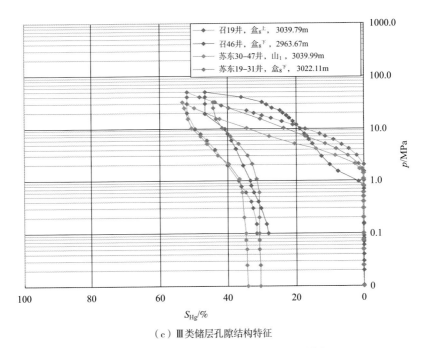

（c）Ⅲ类储层孔隙结构特征

图6-3　Ⅲ类储层孔隙类型及孔隙结构特征（续）

6.1.4　Ⅳ类储层

Ⅳ类储层主要为较弱水流环境下沉积的岩屑砂岩储层。孔隙度一般小于5%，渗透率小于0.1mD，含气饱和度小于40%。压汞排驱压力大，一般大于1.0MPa，最大汞饱和度一般低于40%；退汞效率低，小于30%，中值喉道半径小于0.05mm；压汞曲线表现为陡坡形，孔隙组合类型以微孔、微孔—晶间孔为主（图6-4）。该类孔隙结构在苏里格气田东区较为常见，为差的孔隙结构，被认为是非储层。

（a）召14井，山₁，致密　　　　　　　（b）召36井，盒₈ᶠ，致密

图6-4　Ⅳ类储层孔隙类型及孔隙结构特征

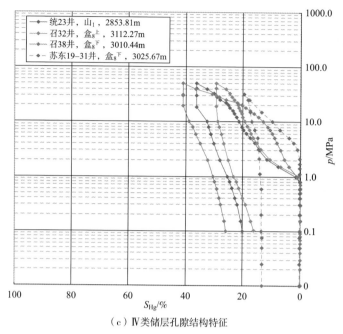

（c）Ⅳ类储层孔隙结构特征

图 6-4　Ⅳ类储层孔隙类型及孔隙结构特征（续）

6.2　储层分类评价

对苏里格气田东区 750 口井山$_2$段—盒$_6$段和盒$_4$段共 7 个层段解释储层 48900.7m，平均单井解释储层 65.2m。

Ⅰ类储层累计厚度仅 1230.8m，占总储层厚度的 2.52%，平均单井解释Ⅰ类储层 1.64m，平均孔隙度 12.52%，平均渗透率 1.31mD，平均含气饱和度 63.7%。

Ⅱ类储层累计厚度仅 3505.4m，占总储层厚度的 7.17%，平均单井解释Ⅱ类储层 4.67m，平均孔隙度 9.37%，平均渗透率 0.87mD，平均含气饱和度 58.9%。

Ⅲ类储层累计厚度 5815.9m，占总储层厚度的 11.89%，平均单井解释Ⅲ类储层 7.76m，平均孔隙度 7.48%，平均渗透率 0.34mD，平均含气饱和度 51.5%。

Ⅳ类储层累计厚度 38348.6m，占总储层厚度的 78.42%（表 6-2）。

表 6-2　苏里格气田东区不同类型储层参数统计

储层类别	厚度 /m	厚度占比 /%	平均孔隙度 /%	平均渗透率 /mD	平均含气饱和度 /%
Ⅰ 类储层	1230.8	2.52	12.52	1.31	63.7
Ⅱ 类储层	3505.4	7.17	9.37	0.87	58.9

储层类别	厚度 /m	厚度占比 /%	平均孔隙度 /%	平均渗透率 /mD	平均含气饱和度 /%
Ⅲ类储层	5815.9	11.89	7.48	0.34	51.5
Ⅳ类储层	38348.6	78.42	—	—	—

对苏里格气田东区上古生界不同层位储层进行分类评价（表6-3），总体上看，各层位Ⅰ类储层占有效储层的比例最小，在3.8%~18.5%，平均值12.7%；Ⅱ类储层占有效储层的比例在19.5%~37.0%，平均值29.3%；Ⅲ类储层占有效储层的比例在45.7%~73.6%，平均值58.0%。可以看出，储层总体上较为致密，作为优质储层的Ⅰ类、Ⅱ类储层，其平均占有效储层的42.0%。

表6-3　苏里格气田东区上古生界不同层位储层占有效储层的比例　　　　%

层位	Ⅰ类储层	Ⅱ类储层	Ⅲ类储层	Ⅰ类 + Ⅱ类储层
盒$_4$	13.0	28.5	58.5	41.5
盒$_6$	13.0	19.5	67.5	32.5
盒$_7$	18.5	35.8	45.7	54.3
盒$_8{}^{上}$	17.8	30.0	52.2	47.8
盒$_8{}^{下}$	15.1	37.0	47.9	52.1
山$_1$	7.7	31.8	60.4	39.5
山$_2$	3.8	22.6	73.6	26.4
平均值	12.7	29.3	58.0	42.0

第7章
下古生界储层展布及特征

科学家们在对鄂尔多斯盆地中上构造层序内的油气体系进行了几十年的勘探开发后，取得了丰硕的成果，进一步丰富了我国"陆相油气理论"。然而，世界上60%的油气产自碳酸盐岩地层（范嘉松，2005），其中与不整合面有关的储层产的油气占20%~30%，且主要与古风化壳有关。过去几十年间，我国油气资源发展形势日趋严峻，已成为制约国民经济发展的障碍，因此在20世纪80年代中后期，随着油气勘探开发理论、技术的日趋成熟，人们开始关注鄂尔多斯盆地下构造层序内的海相沉积体系。1989年，陕参1井试气成功、靖边气田相继得到开发是我国与不整合面有关的古风化壳、古岩溶型气田的开发典范之一。

苏里格气田东区位于奥陶系古潜台北部，与靖边气田统5井区相连，完钻井表明，苏里格气田东区南部下古生界具有一定的开发潜力，尤其是马$_5^4$段具有较大的开发潜力。

7.1　成藏背景

7.1.1　沉积背景

鄂尔多斯盆地北部下古生界地层保存不全，除西缘少数地区目前仍有寒武系及奥陶系地层，其他广大地区仅有奥陶系下统马家沟组及少量寒武系地层。寒武系和奥陶系具有明显的差异，前者受贺兰裂谷早期阶段的影响，盆地内以裂陷发育为特征，后者受贺兰裂谷强烈扩张的影响，均衡调整作用显著，在裂谷肩处发生均衡翘升，形成一个"L"形的大型隆起，使盆地西部、南部与其东北部的绥德—延川一带发生垂直分异，在盆地中形成了西隆东坳的构造格局（张吉森等，1995）。

前人研究表明，晚寒武系地层沉积后，地壳一度上升，盆地北部大多数地区没有接受早奥陶系早期冶里—亮甲山期沉积，除西缘地区局部分布有中上奥陶系地层，鄂托克旗以东的广大地区主要发育和保存了奥陶系马家沟期的沉积。马家沟各期，即从马$_1$段至马$_6$段，既是冶里—亮甲山期统一的巨大的鄂尔多斯陆解体并变小的时期，又是以海域为主、陆地为辅的时期，还是海进的时期。这一时期可以划分出三个次级海侵海退旋回，即马$_1$期和马$_2$期旋回，马$_3$期和马$_4$期旋回，马$_5$期和马$_6$期旋回。在马$_1$期、马$_3$期和马$_5$期的海域中，各种云坪广泛分布，膏盐湖发育，开阔海退居次要地位。

在马$_2$期、马$_4$期和马$_6$期的海域中，开阔海广泛分布，各种滩发育，云坪不发育，无膏湖、盐湖。这三个时期是马家沟期海进时期中的相对海进期。其中，马$_4$期是最大的海进期。此外，这三个时期的岩相古地理特征可概括为"海域为主"，陆外为坪，坪外为海，开阔海广泛分布，海中有滩，海外为槽（深水海槽），无膏湖、盐湖。

马$_1$期、马$_3$期、马$_5$期的岩相古地理特征十分相似，同样马$_2$期、马$_4$期、马$_6$期的岩相古地理特征也相似。这六个时期的岩相古地理相间出现，就组成了三个相似的岩相古地理旋回，即马$_1$期和马$_2$期旋回，马$_3$期和马$_4$期旋回，马$_5$期和马$_6$期旋回。

鄂尔多斯地区在马$_5$期存在三个古隆起。盆地西面为中央古隆起，北面为伊盟古隆起，南面有富县—黄陵古隆起和芮城—永济古隆起。这些古隆起随着海平面的周期性升降，限制了华北海与祁连海、秦岭海之间的分离和沟通（图7-1）。前人对鄂尔多斯盆地奥陶系马家沟期岩相古地理的特征及其演化历史做了大量研究，认为奥陶系马家沟组马$_5$段的沉积环境是一个海水咸化、水体很浅、经常暴露的低能沉积环境，即蒸发潮坪环境。马家沟期鄂尔多斯海域碳酸盐潮坪沉积发育，有广泛的石膏、硬石膏沉积。

盆地东部马家沟组马$_5$^{4}段沉积相以盐岩盆地、盆缘硬石膏白云岩坪、盆缘含硬石膏白云岩坪为主。苏里格气田东区主要位于盆缘含硬石膏白云岩坪环境中（图7-2），为该区古岩溶储层的形成提供了物质基础。

马家沟组晚期发生了华北地台上的最后一次海侵，虽然海进时间较短，但在盆地北部地区沉积了非常稳定、分布广泛的潮下灰坪相黑色微晶灰岩，西缘地区则发育了缓坡相微晶灰岩。其后，由于海平面的上升，盆地北部在区域上以潮间坪沉积发育为主，米脂凹陷内仍有蒸发盐湖相膏盐岩生成，但其厚度、分布范围都明显缩小。在最后的沉积阶段，北部地区包括米脂凹陷在内均被潮上云坪、潮上萨勃哈等环境控制，而此时西缘地区受祁连海和加里东期差异沉降的影响，沉积区水体进一

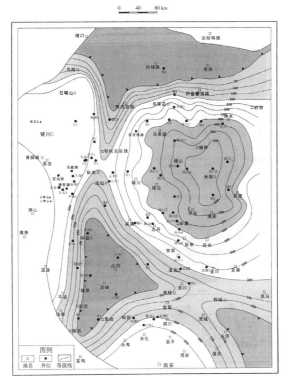

图 7–1　鄂尔多斯地区奥陶系古构造格局图（据长庆油田）

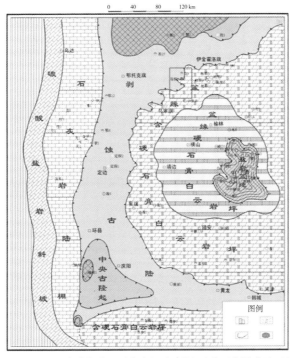

图 7–2　鄂尔多斯盆地马家沟组马$_5^4$段沉积相（据长庆油田）

步加深，广泛发育了陆缘海缓坡相沉积。之后，由于加里东期构造抬升，结束了整个鄂尔多斯盆地乃至全华北地台的奥陶系沉积发育史，西缘祁连海沉积区则继续接受中晚奥陶系的沉积。

在苏里格气田东区奥陶系顶部马家沟组马$_5$段沉积主要处于陆表海台地相发育时期，潮坪环境十分发育。本书在综合前人研究成果的基础上，对马$_5$段的沉积相划分方案进行了描述（表7–1）。

表7-1　马$_5$段沉积相划分方案

相	亚相	微相		主要的岩石类型	发育层段
蒸发潮坪	潮上带	潮上泥云坪	潮上泥云坪	泥云岩、泥岩、白云质泥岩、含云泥岩	马$_5^3$、马$_{51}^4$、马$_{53}^4$、马$_5^1$
			潮上云泥坪		
			潮上泥坪		
		潮上云坪		泥—微晶白云岩，微—粉晶白云岩	马$_{51}^4$、马$_5^1$
		潮上蒸发膏坪	潮上膏灰坪	石膏岩、膏溶角砾岩、膏质白云岩、云膏岩、膏质泥云岩、膏灰岩、膏质泥岩	马$_5^4$、马$_{53}^3$
			潮上膏泥坪		
			潮上膏云坪		
		潮上灰云坪	潮上云灰坪	泥—粉晶灰云岩	马$_5^4$、马$_{53}^4$、马$_{51}^1$、马$_{52}^2$、马$_{52}^3$、马$_{53}^3$
			潮上灰云坪		
		潮上灰泥坪	潮上灰泥坪	灰质泥岩、云灰质泥岩、泥灰岩	马$_{51}^4$、马$_5^2$
			潮上泥灰坪		
	潮间带	潮间灰坪	潮间灰坪	泥—微晶灰岩、泥灰岩	马$_{51}^4$、马$_{52}^4$
			潮间泥灰坪		
		潮间云坪		粉屑白云岩、砂屑白云岩、砾屑白云岩	马$_{52}^4$
		潮间灰云坪	潮间灰云坪	粉—细晶云灰岩	马$_5^1$、马$_{52}^4$、马$_{53}^4$
			潮间云灰坪		

苏里格气田东区马家沟组马$_5$段马$_5^1$—马$_5^4$主要是蒸发潮坪相沉积区，由于区内有石膏出现，可以判定其沉积环境为干旱潮坪。在干旱潮坪环境中，主要为潮上带沉积，局部有潮间带，潮下带沉积并未在研究范围内出现。根据苏里格气田东区沉积微相发育特点，可以进一步划分出潮上泥云坪（包括潮上泥云坪、潮上云泥

坪、潮上泥坪）、潮上云坪、潮上蒸发膏坪（潮上膏灰坪、潮上膏泥坪、潮上膏云坪）、潮上灰云坪（潮上云灰坪、潮上灰云坪）、潮上灰泥坪（潮上灰泥坪、潮上泥灰坪）、潮间灰坪（潮间灰坪、潮间泥灰坪）、潮间云坪、潮间灰云坪（潮间灰云坪、潮间云灰坪）2个亚相、8个沉积微相、16种次级沉积微相。

7.1.2 岩溶古地貌形成条件和特征

1. 岩溶古地貌形成条件

Walkden（1974）和 Wright（1982）将古岩溶定义为"被较年轻的沉积物或沉积岩所埋藏的古代岩溶，有时并非被埋藏"，James 和 Choquette（1988）认为"古岩溶是地质历史中的岩溶，它通常被年轻的沉积物或沉积岩所覆盖，据此，将其进一步分为残余古岩溶（过去所形成的现代地貌）和埋藏岩溶（被沉积物覆盖的岩溶地貌）"。由此可见，古岩溶是被现代沉积物或沉积岩覆盖的地质历史中的岩溶。岩溶古地貌的形成具有一定的条件。

1）构造条件

早古生代期间的加里东运动以升降为主，表现为地层之间的平行不整合接触，如寒武系与下奥陶统之间、下奥陶统亮甲山期与马家沟期之间的平行不整合面。加里东运动末期，秦祁洋壳和兴蒙洋壳相向俯冲、挤压，褶皱造山，整个加里东运动具有多幕、多阶段性，并具有软碰撞和叠覆造山的特点。在此期间，海盆逐渐上升为陆，直至晚古生代中晚石炭世始才有沉积，其间缺失加里东期的晚奥陶世及志留纪沉积。据区域地质构造分析材料，由于自奥陶纪之初伴随贺兰裂谷及秦祁大洋张裂形成的裂谷肩调节隆起（中央古隆起），而在加里东运动末期，在祁连海槽向东推挤下，隆起增大。一方面，控制中央古隆起两侧的马家沟期出现多次超覆现象；另一方面，由于地质环境不同，不同时间、不同地区具有不同的构造特征。

奥陶纪末因晚加里东运动，华北地块整体抬升，经历了超过 130Ma 的沉积间断，盆地主体缺失中晚奥陶世至早石炭世的沉积，马家沟组地层顶部由于经受了长期的风化剥蚀及淋滤，风化壳及其溶蚀孔、缝发育，是鄂尔多斯盆地下古生界的主要天然气储产层（何自新，2003）。

2）气候条件

气候对岩溶的影响主要表现在温度、降水量及气压等条件方面。温度、气压影响 CO_2 的含量，降水量直接决定了水溶蚀能力的强弱。

据前人的地磁资料，华北地台在加里东运动以后至海西期时的地理位置一直处于北半球近赤道部位。鄂尔多斯盆地风化壳既存在代表干热气候条件产物的似凝灰岩等标志矿物，又存在代表湿热气候条件的铝土岩等标志矿物，说明在裸露风化期经历了干热、湿热等不同古气候条件。铝土矿是湿热气候条件下强烈化学风化作用的产物，根据现代岩溶型铝土矿的形成与分布特点，其形成的气候环境特点为降水量大于800mm，年平均气温高于14℃。在风化壳岩溶充填物中，亦普遍存在上覆煤系地层中的石炭系、二叠系的孢粉，表明在石炭系本溪组沉积之前，鄂尔多斯盆地已处于湿热的气候环境中。

不同气候条件下碳酸盐岩溶蚀机理与速度有着明显的差异，导致岩溶形态及其规模也存在差异，气候与岩溶形态组合关系密切。具有某种气候标志的岩溶形态，往往需要该种气候条件持续相当长的时间，特别是规模较大的洼地、常态山、岩溶角砾岩、红壤土等，往往是经过数十万乃至数百万年的产物。如形成1m红壤土，需要剥蚀掉约25m厚的纯质灰岩，在广西目前湿热的气候条件下，需要数十万年才能实现。根据鄂尔多斯盆地奥陶系风化壳所揭示的古岩溶形态特征，当时裸露风化期后期的气候应相当于半干旱亚湿润—潮湿温带环境。

2. 岩溶古地貌特征

鄂尔多斯盆地位于岩溶斜坡上（图7-3）。古斜坡上的次一级的地貌单元包括岩溶台地、岩溶斜坡和岩溶盆地。

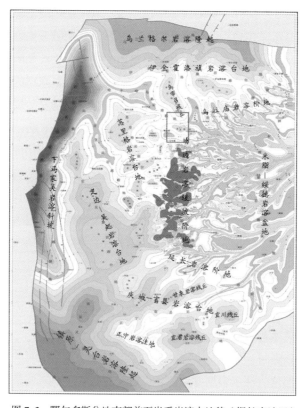

图7-3 鄂尔多斯盆地南部前石炭系岩溶古地貌（据长庆油田）

1）岩溶台地

岩溶台地是岩溶地表整体抬升后的相对较高、平坦的高地，以剥蚀作用为主。岩溶作用导致台地剥蚀强度增大，使得地层发生缺失。其地下岩溶作用以垂直渗流为主，往下延伸的深度大，主要形成较多高角度的溶沟、溶缝，多被机械沉积物充填。

2）岩溶斜坡

岩溶斜坡是苏里格气田东区岩溶台地与岩溶盆地之间的过渡地带，其广泛发育在岩溶台地周围，呈环带状分布。在岩溶斜坡范围内，地下岩石以发育水平潜流带为特征，垂直渗流带分布范围不大，加上该带马$_5$段地层较为发育，从而使得该地区层状分布的储层广泛发育。

3）岩溶盆地

岩溶盆地是古地貌地势低平地区，为岩溶台地和岩溶斜坡下渗大气淡水的主要排泄区。水体的溶解能力弱，沉淀和充填作用强，总体上不利于储集空间的形成和演化。

3.苏里格气田东区前石炭系古地貌特征

与靖边气田相比，苏里格气田东区处于岩溶斜坡中下部，地表风化壳较接近潜流面（图 7-4）。因此，本区以水平潜流带的岩溶特征为主，泥晶白云岩自身被溶解形成的孔洞很少，绝大多数溶解孔洞是因石膏、硬石膏被溶解而成的，许多晶模孔仍保持着完好的晶形假象，且多呈层状展布。结核模孔中石膏和硬石膏的残留较为少见。

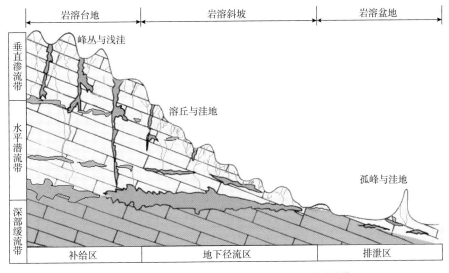

图 7-4　苏里格气田东区岩溶古地貌及地下水动力分带

苏里格气田东区马$_5^1$段—马$_5^4$段古风化壳的古岩溶作用主要有以下特点。

（1）岩溶溶解作用选择性强。泥晶白云岩自身被溶解形成的孔洞少，绝大多数溶解孔洞是因石膏、硬石膏被溶解而成的。许多晶模孔保持晶形假象，边缘经后期埋藏溶解呈港湾等形状。

（2）地表径流相对发育，古沟槽便是径流的汇聚之处，表明径流下切作用明显。前石炭系古地质图清楚地再现了马$_5^1$段—马$_5^4$段古风化壳的地貌特征。

（3）岩溶角砾岩和塌陷角砾岩可以从顶至底出现在马$_5^1$段—马$_5^4$段。

苏里格气田东区钻至下古生界地层井出露层位统计结果表明，该区地层剥蚀严重，马$_5^{1+2}$段地层保存较少（图7-5、图7-6），且主要分布于该区东南部。向西北方向，地层剥蚀严重，出露层位为马$_5^4$段。

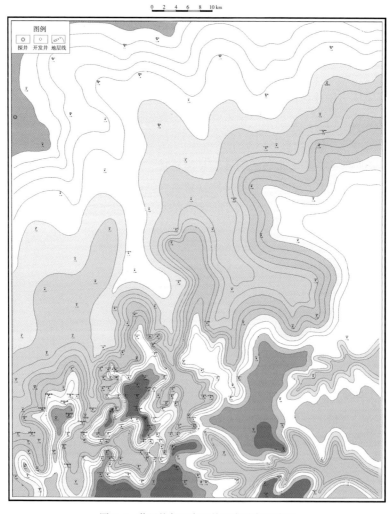

图7-5　苏里格气田东区前石炭系古地质图

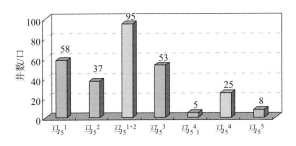

图 7-6 苏里格气田东区钻至下古生界地层井出露层位统计

苏里格气田东区东南部马家沟组出露地层为马$_5^1$段。该区西北部出露地层老，为后期抬升遭受强烈剥蚀所致，属于岩溶高地地带；东南部出露地层相对较新，主要处于岩溶斜坡上。

7.2 储层发育特征

7.2.1 地层划分

1. 小层划分

根据古生物特征、沉积旋回，可将马家沟组分为 6 个段，自上而下为马$_1$段—马$_6$段。根据岩性特征，可以概括为"三云三灰"，其中马$_1$段、马$_3$段、马$_5$段岩性特征相似，主要为白云岩、云质膏岩、膏岩夹云质泥岩；马$_2$段、马$_4$段、马$_6$段岩性相似，以泥晶灰岩为主，夹白云岩。马$_4$段石灰岩代表早奥陶世最大海侵期的沉积，马$_5$段则是华北陆表海相对海退时期咸化海水的沉积产物，马$_6$段代表又一次海侵的沉积产物。鄂尔多斯盆地中部马$_5$段沉积厚度最大。

经过多年的勘探开发，已查明下古生界马家沟组产层集中于古风化壳的顶部，与产层有关的马$_5$段地层已有了成熟的详细划分方案（表 7-2）。长庆油田勘探开发研究院将马$_5$段地层划分了 10 个产气段，自上而下为马$_5^1$段—马$_5^{10}$段。马$_5^1$段从上往下被划分为马$_{51}^1$、马$_{52}^1$、马$_{53}^1$和马$_{54}^1$四个小层；马$_5^2$段从上往下被划分为马$_{51}^2$、马$_{52}^2$两个小层；马$_5^3$段从上往下被划分为马$_{51}^3$、马$_{52}^3$、马$_{53}^3$三个小层；马$_5^4$段从上往下被划分为马$_{51}^4$、马$_{52}^4$、马$_{53}^4$三个小层，为了满足产气层标注需要，又进一步将马$_{51}^4$小层划分为马$_{51}^{4a}$、马$_{51}^{4b}$两个小层；马$_5^5$段从上往下被划分为马$_{51}^5$、马$_{52}^5$两个小层。其中，马$_{53}^1$、马$_{52}^2$和马$_{51}^{4a}$是苏里格气田东区主力产气层。

表 7-2 鄂尔多斯盆地奥陶系顶部的古风化壳小层划分

统	组	段	亚段	小层	标志层	气层号	气层组
下奥陶统	马家沟组	马$_5$段	马$_5^1$	马$_{5\,1}^{1}$		1	上部气层
				马$_{5\,2}^{1}$		2	
				马$_{5\,3}^{1}$		3	
				马$_{5\,4}^{1}$	K$_1$	4	
			马$_5^2$	马$_{5\,1}^{2}$		5	中部气层
				马$_{5\,2}^{2}$	K$_2$	6	
			马$_5^3$	马$_{5\,1}^{3}$		7	
				马$_{5\,2}^{3}$			
				马$_{5\,3}^{3}$		8	
			马$_5^4$	马$_{5\,1}^{4\,a}$		9	下部气层
				马$_{5\,1}^{4\,b}$	K$_3$		
				马$_{5\,2}^{4}$		10	
				马$_{5\,3}^{4}$			
			马$_5^5$	马$_{5\,1}^{5}$			黑色灰岩段
				马$_{5\,2}^{5}$			
			马$_5^6$				
			马$_5^7$				
			马$_5^8$				
			马$_5^9$				
			马$_5^{10}$				

2. 地层特征

苏里格气田东区各小层的岩性特征与靖边气田中心岩性特征基本相似，分小层描述如下：

马$_{5\,1}^{1}$小层为深灰色、褐灰色泥—细粉晶云岩，角砾状云岩夹薄层含云泥岩。顶部发育被方解石充填的溶蚀孔洞和溶蚀沟。岩石常常因近地表氧化作用而变成棕红色。去白云石化现象较为普遍，泥—细粉晶云岩已部分甚至全部转变成细—中晶方解石，这些方解石中常有泥—细粉晶云岩的残余或幻影。

$马_5{}^1_2$ 小层岩性为灰色、浅灰色泥—细粉晶云岩，夹灰色砂屑云岩和纹层状白云岩。上部岩性较纯，下部夹两层深灰色云质泥岩或泥质云岩。该小层产气井不多。厚度在 6.1~9.2m，遭侵蚀处厚度在 0~3m。

$马_5{}^1_3$ 小层岩性为灰色、浅灰色细粉晶白云岩，斑状溶蚀孔洞和晶模孔发育，伴有网状或鸡笼铁丝网状微裂缝。少数井含有溶塌角砾岩。白云岩质地纯，自然伽马曲线呈箱状低值。$马_5{}^1_3$ 小层为主力产气层。其分布稳定，厚度在 3.2~4.2m。

$马_5{}^1_4$ 小层顶部 0.5~1.5m 地层岩性为凝灰质泥岩和深灰色云质泥岩。中部岩性为浅灰色细粉晶白云岩，有些地方也有斑状溶蚀孔洞。$马_5{}^1_4$ 小层底部岩性是 30~80cm 厚的黑色凝灰质泥岩，是区域上的地层对比等时面，即 K_1 标志层。$马_5{}^1_4$ 小层厚度在 5~7m。

$马_5{}^2_1$ 小层上部岩性为灰色、浅灰色细粉晶含泥质云岩，或细粉晶含灰云岩；下部岩性为深灰色、灰色含泥质细粉晶白云岩。有时可见砾屑。上部白云岩质地较纯，物性相对较好。$马_5{}^2_1$ 小层厚度在 3~5m。

$马_5{}^2_2$ 小层岩性为浅灰色细粉晶白云岩，有少量石膏结核和膏盐晶体，形成溶孔和针孔，或被方解石、白云石等矿物充填。白云岩质地较纯，自然伽马值一般很低。$马_5{}^2_2$ 小层厚度在 4~7m。

$马_5{}^3_1$ 小层岩性为深灰色含泥质泥—细粉晶云岩、灰色细粉晶白云岩，夹深灰色云质泥岩。此外，时常夹泥质条带、云质角砾和不规则溶蚀缝。有时，在下部细粉晶白云岩中见少量针孔和小溶洞，构成少量产气层。$马_5{}^3_1$ 小层厚度在 4~8m。

$马_5{}^3_2$ 小层岩性为深灰色（含）泥质云岩、细粉晶白云岩、含灰质白云岩以及深褐色泥岩和云质泥岩，有时发育角砾。白云岩一般质地不纯，产层不发育。自然伽马值一般较高。$马_5{}^3_2$ 小层厚度在 6~11m。

$马_5{}^3_3$ 小层岩性为深灰色（含）泥质白云岩、含泥角砾状云岩，夹少量灰色泥粉晶白云岩。可见藻纹层和少量变形层理。另外，G08-16 井和统 14 井一带 $马_5{}^3_3$ 小层上部还有膏质白云岩。同样，白云岩一般质地也不纯，产层不发育。自然伽马值一般较高。$马_5{}^3_3$ 小层厚度在 7~13m。

$马_5{}^4_1$ 小层又分为 $马_5{}^4_{1}{}^a$、$马_5{}^4_{1}{}^b$ 两个小层。$马_5{}^4_{1}{}^a$ 小层岩性为浅灰色细粉晶白云岩。斑状溶蚀孔洞和针孔较发育，20% 的孔洞被泥质、方解石及白云石半充填。有少量针孔为开启状。白云岩质地纯，自然伽马曲线呈箱状低值。$马_5{}^4_{1}{}^a$ 小层厚度在 2~4m。$马_5{}^4_{1}{}^b$ 小层岩性为深灰色细粉晶云岩，泥质云岩及少量膏质白云岩。该层底部岩性是凝灰质泥岩，是区域上的对比标准层。$马_5{}^4_{1}{}^b$ 小层厚度在 4~9m。

马$_5{}^4_2$小层岩性为灰色含泥云岩、膏质云岩与泥晶云岩及云质泥岩薄互层。电阻率高、呈尖峰状，高密度，自然伽马表现出较高的锯齿状起伏。厚度约14m。

马$_5{}^4_3$小层岩性与马$_5{}^4_2$小层岩性相似，唯有下部纯白云岩增多变粗。电阻率高、呈尖峰状，高密度，自然伽马表现出较高的锯齿状起伏。厚度约14m。

马$_5{}^5_1$小层岩性为灰黑色泥晶灰岩，底部为黑色泥岩。电阻率特高、其中有一低阻薄层，自然伽马低平，声波时差为低的直线。厚度约6m。

马$_5{}^5_2$小层岩性为灰黑色泥晶灰岩，见生物钻孔。电阻率特高、其中有一低阻薄层，自然伽马低平，声波时差为低的直线。厚度约20m。

在马$_5{}^6$段—马$_5{}^{10}$段中，马$_5{}^{10}$段、马$_5{}^8$段、马$_5{}^6$段岩性为浅灰色、灰色含膏云岩夹泥晶云岩、膏质云岩及泥质云岩，向东岩性变为块状盐岩夹硬石膏岩；马$_5{}^9$段、马$_5{}^7$段为灰色、深灰色泥晶云岩。厚度在180~240m。

3. 主要标志

综合钻井、测井及地震各方面特征，马$_5$段地层具有几个明显的界面。

1）奥陶系顶面

奥陶系顶面既是一个重要的地质时代界面，又是一个物理界面，声速曲线反映为一个明显的速度界面。

2）马$_5{}^2$底界面

马$_5{}^2$底界面是一个较明显的物性界面，其上为马$_5{}^{1+2}$较纯的白云岩段，其下为泥质白云岩及石膏云岩，声速曲线亦反映出明显的变化，即上部层速度偏高，而下部层速度较低，在地震上亦可形成中弱—中强的反射波。

3）马$_5{}^1_3$底界面

马$_5{}^1_3$小层底界面也是较明显的物性界面，其上为马$_5{}^1_3$小层的纯白云岩，其声波时差较小，速度偏高，界面之下为马$_5{}^1_4$小层的含泥质灰云岩和泥岩，此界面在常规地震剖面上无对应的反射同相轴，但在反演剖面上可对比性较强，并易于追踪，对研究储层具有十分重要的意义。

4）马$_5{}^4_1$标志层

苏里格气田东区马$_5{}^4_1$小层顶部岩性为灰色、深灰色块状含膏细粉晶白云岩，其下为灰黑色含膏泥质云岩、灰质云岩及薄层灰绿色凝灰岩。

5）马$_5{}^5$标志层

马$_5{}^5$（黑腰带）地层岩性主要为灰黑色泥晶灰岩，质纯均一，厚度稳定，局部或整段发生白云岩化，储集性能较好。电性特征：大段低平的自然伽马，时差曲线呈低的直线段，电阻率极高。

4.划分结果

通过对苏里格气田东区钻至奥陶系地层的气井进行划分，可以发现该区奥陶系地层与南部靖边气田奥陶系地层具有相同的地质属性，但也表现出自身特殊的差异性。

（1）$马_5^1$地层保存程度较低，奥陶系出露层位以$马_5^{1+2}$及更老层位为主，$马_5^{1+2}$地层厚度明显比靖边气田相应地层薄。

苏里格气田东区位于靖边气田北部，在区域位置上处于区域剥蚀区，造成其奥陶系出露层位相对靖边气田出露层位更老；靖边气田奥陶系出露层位以$马_{5_1}^1$，甚至$马_6$为代表，苏里格气田东区奥陶系出露层位以$马_{5_2}^1$及更老层位为主。

（2）$马_5^4$地层厚度相对较薄，苏里格气田东区$马_{5_2}^4$地层电性特征与靖边气田$马_{5_1}^4$电性特征（自然伽马表现为箱状）类似，但其膏岩发育程度不及靖边气田。靖边气田$马_5^4$地层一般厚度在43m左右，而苏里格气田东区$马_5^4$地层一般厚度在33m左右，比靖边气田薄10m。分析认为，靖边气田$马_5^{1+2}$地层保存比较齐全，岩溶渗滤作用对$马_5^4$地层膏质的破坏程度不高，导致该气田$马_5^4$地层厚度较大；相反，苏里格气田东区处于区域剥蚀区，其奥陶系地层保存程度较低，多数井奥陶系出露层位为$马_{5_1}^4$及更老地层，侵蚀沟槽发育，导致$马_5^4$地层膏质基本溶蚀殆尽，导致区块$马_5^4$地层厚度变薄。另外，值得注意的是，由于膏质的溶蚀殆尽，也造成了该区块风化壳厚度无法与靖边气田形成对比的现实（风化壳厚度指奥陶系顶界到第一个膏质出现地层的厚度），致使无法进行预测，这就是其缺点。但其也有优点，那就是形成了该区$马_5^4$气层较靖边气田更加发育的独特现象。

7.2.2　主要含气层位储层平面展布

在区域中古生界风化壳层位是穿时分布的。在加里东抬升剥蚀期，受中央古隆起影响，鄂尔多斯盆地中部古地形总的面貌是西高东低。因此，其西部地区比东部地区风化剥蚀更为强烈。西部城川一带奥陶系顶部层位是$马_{5_1}^4$，风化壳底部层位是$马_6$；靖边气田中部奥陶系顶部层位是$马_5^2$或$马_5^1$，底部层位是$马_5^4$。古风化壳的顶部和底部层位自西向东逐渐变新（马振芳等，1994）。

实践证明：$马_5$段的含气面积受古风化壳斜坡上台地的控制。奥陶系$马_5^1$—$马_5^4$气藏顶部为石炭系铁铝岩及泥质岩区域性封盖；底部是$马_5^5$厚层—块状致密石灰岩，或者是$马_{5_2}^4$—$马_{5_3}^4$致密的泥质云岩作为遮挡底板；侧向上被古地貌沟槽充填物和成岩致密带所封堵，从而为大面积圈闭的形成提供了条件。苏里格气田东区位于古潜台北部，奥陶系顶部层位是$马_{5_2}^1$—$马_{5_2}^3$，底部层位是$马_5^4$。其中，$马_5^{1+2}$、$马_{5_1}^4$是主要含气层位。

1. 马$_5^{1+2}$地层厚度

马$_5^{1+2}$地层在苏里格气田东区南部及东部存在，在其西北部基本缺失，且保存厚度较小（图 7-7）。苏里格气田东区钻至下古生界 190 口井，95 口井出露马$_5^{1+2}$地层。其中：58 口井出露马$_5^1$地层，厚度在 4~28.4m，平均值 15.7m；37 口井出露马$_5^2$地层，厚度在 2.3~12.4m，平均值 8.6m。与靖边气田相比，其马$_5^{1+2}$地层厚度明显变薄，靖边气田马$_5^{1+2}$保存完整的气井地层厚度在 28~33m，平均值在 20~25m，而苏里格气田东区马$_5^{1+2}$地层厚度在 0~39.6m，平均值仅 13.1m。

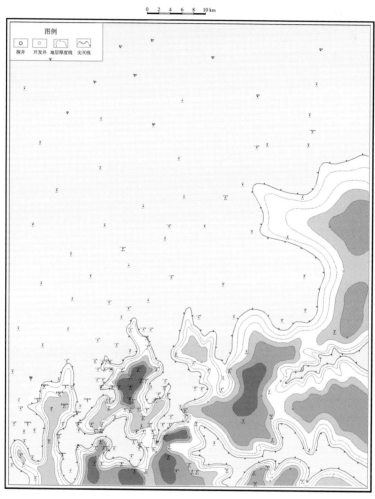

图 7-7　苏里格气田东区马$_5^{1+2}$地层厚度

马$_5^{1+2}$地层在苏东 50-49 井区、苏东 60-61 井区、苏东 62-50 井区、苏东 61-39 井区、苏东 57-59 井区和榆 33 井区保存较为完整，厚度均大于 25m，但范围有限，形态上表现为残丘状，地层厚度向四周明显变薄。

2.马$_5{}^4{}_1$地层厚度

马$_5{}^4{}_1$地层在苏里格气田东区苏东 15-100C1 井—召 29 井—召 6 井—苏东 44-38 井—召 18 井一线东南部存在，在其西北部缺失。该区东南部马$_5{}^4{}_1$地层保存基本完整，局部受沟槽侵蚀，厚度变薄（图 7-8）。苏里格气田东区钻至下古生界 190 口井，153 口井钻遇马$_5{}^4{}_1$地层，厚度在 3.9~13.7m，平均值 10.1m。与靖边气田相比，其马$_5{}^4{}_1$地层厚度相差不大，靖边气田马$_5{}^4{}_1$地层厚度在 9~13m，苏里格气田东区马$_5{}^4{}_1$地层厚度平均值 10.5m。

马$_5{}^4{}_1$地层在苏东 52-22 井区、陕 243 井区、苏东 56-52 井区、陕 163 井区、苏东 47-66 井区西北部、山 195 井区南部等厚度大于 15m，分析认为，苏里格气田东区主要受上部地层保护，储层溶蚀作用较弱。

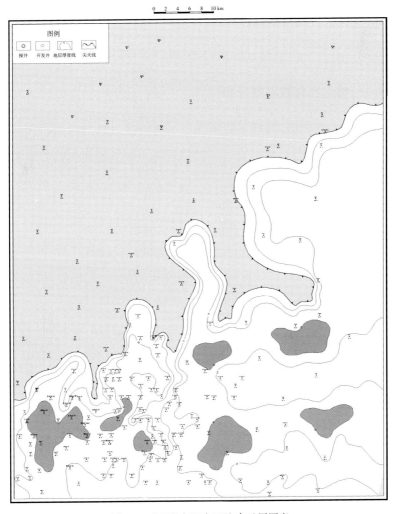

图 7-8　苏里格气田东区马$_5{}^4{}_1$地层厚度

7.3 有效储层发育特征

苏里格气田东区共有 108 口井下古生界解释有效储层 639.4m，其中气层279.2m。从分布层位来看，马$_5^{1+2}$、马$_5{}^4_1$所占比例较大，分别占 29%、39.8%，为主要的含气层位（图 7-9）。

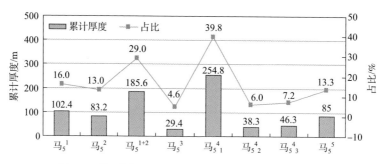

图 7-9　苏里格气田东区马家沟组有效储层累计厚度直方图

7.3.1　马$_5^{1+2}$有效厚度分布

苏里格气田东区共有 50 口井钻遇马$_5^{1+2}$有效储层 185.6m，其中气层 81.4m。厚度在 0.8~9.5m，平均值 3.7m（图 7-10）。

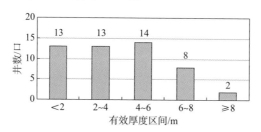

图 7-10　苏里格气田东区马$_5^{1+2}$有效厚度分布区间直方图

有效储层主要发育在苏里格气田东区东南部，受沟槽侵蚀影响，储层被分割为零散的丘状，主要分布在苏东 53-30 井区、苏东 51-49 井区、苏东 61-46 井区、苏东 57-59 井区、统 11 井区、统 19 井区及榆 33 井区等。

7.3.2　马$_5{}^4_1$有效厚度分布

苏里格气田东区共有 91 口井钻遇马$_5{}^4_1$有效储层 254.8m，其中气层 160.8m。厚度在 0.6~6.2m，平均值 2.8m（图 7-11）。

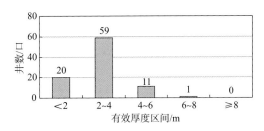

图 7-11　苏里格气田东区马$_5^4$有效厚度分布区间直方图

有效储层主要发育在苏里格气田东区南部，主要分布在召 28 井区、召 14 井区、统 24 井区、陕 234 井区、陕 237 井区、陕 244 井区及榆 33 井区等，东部仅零星分布在统 28 井区等。

7.4　储层物性及含气性平面分布特征

7.4.1　化验分析物性

从化验分析统计成果（表 7-3、图 7-12 和图 7-13）来看，苏里格气田东区下古生界储层的孔隙度、渗透率分布区间较大（包含致密层），但平均值偏小，储层总体上仍表现为低孔、低渗。

表 7-3　苏里格气田东区化验分析孔隙度、渗透率统计

层位	样品数	孔隙度 /%			样品数	渗透率 /mD		
		最小值	最大值	平均值		最小值	最大值	平均值
马$_5^{1+2}$	38	0.7	9.9	4.5	35	0.004	4.110	0.527
马$_5^4$	27	1.1	11.0	5.8	27	0.005	6.100	0.560

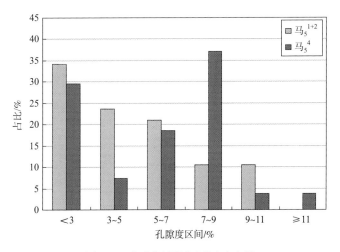

图 7-12　化验分析孔隙度分布直方图

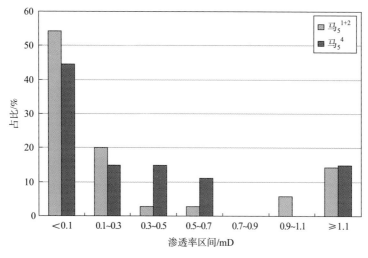

图 7-13　化验分析渗透率分布直方图

在马$_5^{1+2}$段统计的 38 块孔隙度样品，孔隙度最小值 0.7%，最大值 9.9%，平均值 4.5%；统计的 35 块渗透率样品，渗透率最小值 0.004mD，最大值 4.110mD，平均值 0.527mD。在马$_5^4$段统计的 27 块孔隙度样品，最小值 1.1%，最大值 11.0%，平均值 5.8%；统计的 27 块渗透率样品，渗透率最小值 0.005mD，最大值 6.100mD，平均值 0.560mD。

7.4.2　测井解释渗透率分布

1. 马$_5^{1+2}$渗透率分布

从测井解释结果（图 7-14）来看，马$_5^{1+2}$渗透率在 0.02~80.43mD，主要分布在 0.1~0.7mD，平均值 2.473mD。渗透率大于 0.7mD 的区域主要分布在苏东 48-51 井区、苏东 51-49 井区、苏东 60-61 井区和苏东 61-39 井区。

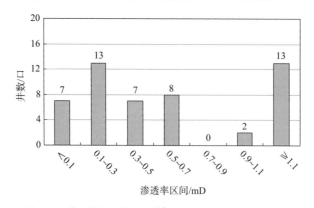

图 7-14　苏里格气田东区马$_5^{1+2}$测井解释渗透率分布直方图

2. 马$_5^4$渗透率分布

从测井解释结果（图 7-15）来看，马$_{51}^4$渗透率在 0.031~14.750mD，主要分布在 0.1~0.7mD，平均值 1.196mD。渗透率大于 0.7mD 的区域主要分布在召 11 井区、陕 234 井区、陕 236 井区、陕 237 井区、苏东 57-48 井区、苏东 61-39 井区和统 15 井区。

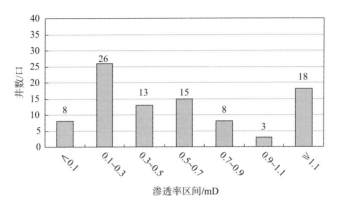

图 7-15　苏里格气田东区马$_{51}^4$测井解释渗透率分布直方图

7.4.3　测井解释饱和度分布

1. 马$_5^{1+2}$饱和度分布

从测井解释结果（图 7-16）来看，马$_5^{1+2}$饱和度在 44.3%~90.8%，平均值 68.3%。从平面分布来看，主要在 50%~70%，饱和度大于 70% 的区域分布在苏东 48-51 井区、陕 243 井区、榆 33 井区、苏东 62-63 井区和苏东 61-39 井区。

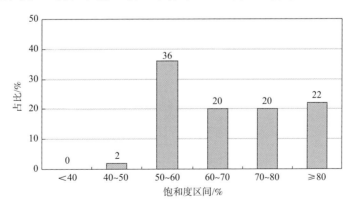

图 7-16　苏里格气田东区马$_5^{1+2}$测井解释饱和度分布直方图

2. 马$_5^4$饱和度分布

从测井解释结果（图 7-17）来看，马$_{51}^4$饱和度在 31.3%~87.7%，平均值

65.9%。从平面分布来看，主要在 50%~70%，饱和度大于 70% 的区域分布在区块东南的陕 236 井区、统 24 井区、统 12 井区、统 15 井区、苏东 50–69 井区和苏东 61–67 井区等。

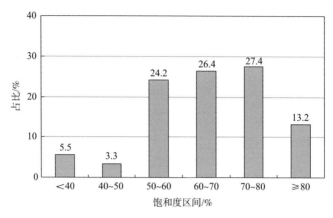

图 7–17　苏里格气田东区马 5_1^4 测井解释饱和度分布直方图

7.5　储层分类结果

白云岩储层的形成和发育受沉积和成岩双重控制，孔隙发育演化较为复杂。纵向上由于沉积条件差异导致层内非均质性，表现为典型的"三段式"结构，即主力气层中部岩溶孔洞发育，物性好，而上、下部则相对较差。横向上受沉积相带和成岩相带的控制，一般在古潜台主体部位储渗条件较好。依据岩性、物性及孔隙结构特征，将马 5^{1+2} 储层分为三种主要储集类型（表 7–4）。

表 7–4　苏里格气田东区下古生界储层分类

参数		Ⅰ 类储层（好）	Ⅱ 类储层（较好）	Ⅲ 类储层（较差）
岩性		粗—细粉晶白云岩	细粉晶白云岩	泥—细粉晶白云岩
物性	孔隙度 /%	>5.0	5.0~8.0	2.0~5.0
	渗透率 /mD	>1.0	0.5~1.0	0.1~0.5
孔隙结构 /%	溶蚀孔	50~60	90~98	30
	晶间孔	30~35		60
	微裂缝	10~15	2~10	10
压汞参数	最大汞饱和度 /%	>80	50~80	<50

续表

参数		I 类储层（好）	II 类储层（较好）	III 类储层（较差）
压汞参数	排驱压力 /MPa	<0.5	<1.0	<2
	中值喉道半径 /mm	12~16	8~12	4~8
孔隙类型		裂缝—溶孔型	孔隙型	裂缝—微孔型

评价结果表明（表 7-5~ 表 7-7），苏里格气田东区下古生界 I 类储层累计 166.9m，占总厚度的 26.1%，平均孔隙度 8.35%，平均渗透率 2.917mD，平均含气饱和度 71.2%；II 类储层累计 143.4m，占总厚度的 22.4%，平均孔隙度 7.71%，平均渗透率 0.683mD，平均含气饱和度 69.3%；III 类储层累计 329.1m，占总厚度的 51.5%，平均孔隙度 5.89%，平均渗透率 0.213mD，平均含气饱和度 62.5%，III 类储层超过储层总厚度的一半。其中，马$_5^{1+2}$ I 类储层厚度 55.8m，占总厚度的 30.1%；马$_5^{1+2}$ II 类储层厚度 31m，占总厚度的 16.7%；马$_5^{1+2}$ III 类储层厚度 98.8m，占总厚度的 53.2%。马$_5^4{}_1$ I 类储层厚度 77.4m，占总厚度的 30.4%；马$_5^{1+2}$ II 类储层厚度 62.2m，占总厚度的 24.4%；马$_5^{1+2}$ III 类储层厚度 115.2m，占总厚度的 45.2%。

表 7-5 苏里格气田东区下古生界不同层位储层厚度分布　　　　　　　　m

层位	I 类储层	II 类储层	III 类储层	合计
马$_5^{1+2}$	55.8	31.0	98.8	185.6
马$_5^4{}_1$	77.4	62.2	115.2	254.8
其他层位	33.7	50.2	115.1	199.0
合计	166.9	143.4	329.1	639.4

表 7-6 苏里格气田东区下古生界不同层位储层百分比　　　　　　　　%

层位	I 类储层	II 类储层	III 类储层	I 类 + II 类储层
马$_5^{1+2}$	30.1	16.7	53.2	46.8
马$_5^4{}_1$	30.4	24.4	45.2	54.8
其他层位	16.9	25.2	57.8	42.1
合计	26.1	22.4	51.5	48.5

表 7-7　苏里格气田东区下古生界不同储层参数统计

储层类别	厚度 /m	厚度比例 /%	平均孔隙度 /%	平均渗透率 /mD	平均含气饱和度 /%
Ⅰ 类储层	166.9	26.1	8.35	2.917	71.2
Ⅱ 类储层	143.4	22.4	7.71	0.683	69.3
Ⅲ 类储层	329.1	51.5	5.89	0.213	62.5

第8章

有利区筛选

8.1 上古生界有利区评价

8.1.1 有利区评价标准

苏里格气田东区气井产能不仅受有效储层的厚度影响，还受有效储层的物性及其含气性的影响，为了更好地确定有利区的分布，使其能够与气井产能基本吻合，本书对影响气井产能的参数及其组合与无阻流量的关系进行了数学统计分析。

1. 有效储层厚度（H）与无阻流量的关系

如图 8-1 所示，各试气层位有效储层厚度之和与无阻流量存在一定相关性，但关系不密切，相关系数 R^2 仅 0.3462。

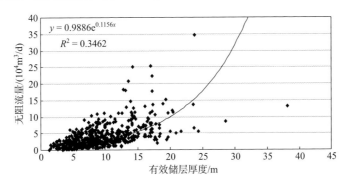

图 8-1 苏里格气田东区上古生界有效储层厚度与无阻流量关系

2. 有效储层厚度、孔隙度之积（$H\phi$）与无阻流量的关系

如图 8-2 所示，有效储层厚度、孔隙度之积与无阻流量存在正相关性，但相关性较弱，相关系数 R^2 仅 0.287。

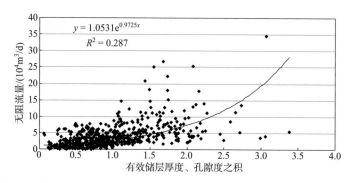

图 8-2　苏里格气田东区上古生界有效储层厚度、孔隙度之积与无阻流量关系

3. 地层系数（KH）与无阻流量的关系

如图 8-3 所示，地层系数（KH）与无阻流量关系比较密切，试气产量随着地层系数的增大而增加，相关系数 R^2 为 0.4154。

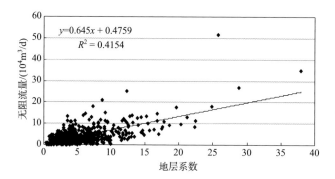

图 8-3　苏里格气田东区上古生界地层系数与无阻流量关系

4. 储能系数（$H\phi Sg$）与无阻流量的关系

如图 8-4 所示，储能系数（$H\phi Sg$）与无阻流量关系最为密切，相关系数 R^2 达到 0.6098。这主要因为气井产能的影响因素不仅与储层厚度和物性有关，还与储

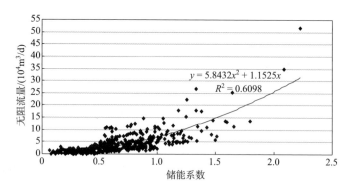

图 8-4　苏里格气田东区上古生界储能系数与无阻流量关系

层的含气饱和度密切相关，而储能系数能较好地反映这三个因素。

为了能较好地对上古生界各层位有效储层进行分类，本书以储层系数作为主要评价标准，以气层厚度和储层类型作为辅助标准，建立了有利区分类评价标准，如表 8-1 所示，Ⅰ类有利区储能系数大于或等于 0.7，Ⅱ类有利区储能系数在 0.5~0.7，Ⅲa 类有利区储能系数在 0.3~0.5，Ⅲb 类有利区储能系数在 0.1~0.3。

表 8-1　苏里格气田东区上古有利区分类评价标准

有利区分类	储能系数	气层厚度 /m	储层类型	无阻流量 /（$10^4 m^3$/d）
Ⅰ类	≥ 0.7	≥ 6	Ⅰ类、Ⅱ类	>10
Ⅱ类	0.5~0.7	4~6	Ⅰ类、Ⅱ类、Ⅲ类	4~10
Ⅲa 类	0.3~0.5	3~5	Ⅱ类、Ⅲ类	2~4
Ⅲb 类	0.1~0.3	2~4	Ⅱ类、Ⅲ类	< 2

8.1.2　有利区分类评价

1. 有利区分层分类评价

1）山$_2$段

山$_2$段储层发育较差，Ⅰ类、Ⅱ类有利区分布具有局限性，其中Ⅰ类有利区面积仅 15.05km^2，钻遇井数 5 口，平均有效储层厚度 12.5m，孔隙度 9.7%，渗透率 0.986mD，含气饱和度 69.9%；Ⅱ类有利区面积 71.52km^2，钻遇井数 15 口，平均有效储层厚度 10.3m，孔隙度 8.8%，渗透率 0.594mD，含气饱和度 64.2%；Ⅲa 类有利区分布面积较大，达到 420.2 km^2，储层物性及含气性较差，钻遇井数 53 口，平均有效储层厚度 7.7m，孔隙度 8.2%，渗透率 0.512mD，含气饱和度 61.4%；Ⅲb 类有利区分布面积最大，钻遇井数达 182 口，平均有效储层厚度 4.0m，孔隙度 7.9%，渗透率 0.504mD，含气饱和度 57.3%（表 8-2）。

表 8-2　苏里格气田东区山$_2$段有利区分类评价

有利区类别	面积 /km^2	钻遇井数 / 口	平均有效储层厚度 /m	孔隙度 /%	渗透率 /mD	含气饱和度 /%
Ⅰ	15.05	5	12.5	9.7	0.986	69.9
Ⅱ	71.52	15	10.3	8.8	0.594	64.2
Ⅲa	420.2	53	7.7	8.2	0.512	61.4
Ⅲb	2138.71	182	4.0	7.9	0.504	57.3

2）山$_1$段

山$_1$段为苏里格气田东区主要目的层之一，储层发育规模较大，但Ⅰ类有利区分布具有局限性。Ⅰ类有利区面积174.61km^2，钻遇井数84口，平均有效储层厚度12.2m，孔隙度11.6%，渗透率0.684mD，含气饱和度72.6%；Ⅱ类有利区面积329.14km^2，钻遇井数84口，平均有效储层厚度8.0m，孔隙度11.0%，渗透率0.617mD，含气饱和度69.5%；Ⅲa类有利区分布面积较大，达到788.46km^2，钻遇井数112口，平均有效储层厚度5.8m，孔隙度10.2%，渗透率0.572mD，含气饱和度68.0%；Ⅲb类有利区分布面积最大，钻遇井数达200口，平均有效储层厚度3.5m，孔隙度9.2%，渗透率0.422mD，含气饱和度62.3%（表8-3）。

表8-3 苏里格气田东区山$_1$段有利区分类评价

有利区类别	面积/km^2	钻遇井数/口	平均有效储层厚度/m	孔隙度/%	渗透率/mD	含气饱和度/%
Ⅰ	174.61	84	12.2	11.6	0.684	72.6
Ⅱ	329.14	84	8.0	11.0	0.617	69.5
Ⅲa	788.46	112	5.8	10.2	0.572	68.0
Ⅲb	1822.43	200	3.5	9.2	0.422	62.3

3）盒$_8$^{下}段

盒$_8$^{下}段为苏里格气田东区最主要的目的层，储层发育规模较大，物性、含气性较好。Ⅰ类有利区面积152.47km^2，钻遇井数107口，平均有效储层厚度11.4m，孔隙度12.4%，渗透率0.974mD，含气饱和度68.9%；Ⅱ类有利区面积332.05km^2，钻遇井数91口，平均有效储层厚度8.3m，孔隙度11.2%，渗透率0.689mD，含气饱和度65.2%；Ⅲa类有利区分布面积较大，达到873.05km^2，钻遇井数141口，平均有效储层厚度6.1m，孔隙度10.9%，渗透率0.638mD，含气饱和度62.0%；Ⅲb类有利区分布面积最大，钻遇井数达217口，平均有效储层厚度3.7m，孔隙度9.5%，渗透率0.423mD，含气饱和度57.9%（表8-4）。

表8-4 苏里格气田东区盒$_8$^{下}段有利区分类评价

有利区类别	面积/km^2	钻遇井数/口	平均有效储层厚度/m	孔隙度/%	渗透率/mD	含气饱和度/%
Ⅰ	152.47	107	11.4	12.4	0.974	68.9
Ⅱ	332.05	91	8.3	11.2	0.689	65.2

有利区 类别	面积 / km²	钻遇井数 / 口	平均有效储层厚度 / m	孔隙度 / %	渗透率 / mD	含气饱和度 / %
Ⅲa	873.05	141	6.1	10.9	0.638	62.0
Ⅲb	2526.3	217	3.7	9.5	0.423	57.9

4）盒 $_8^{上}$ 段

盒 $_8^{上}$ 段为苏里格气田东区兼顾层位之一，储层发育规模较小，局部富集。Ⅰ类有利区面积 23.92km²，钻遇井数 25 口，平均有效储层厚度 10.6m，孔隙度 13.4%，渗透率 1.146mD，含气饱和度 70.1%；Ⅱ类有利区面积 48.44km²，钻遇井数 22 口，平均有效储层厚度 7.1m，孔隙度 12.2%，渗透率 0.991mD，含气饱和度 67.5%；Ⅲa 类有利区分布面积 188.22km²，钻遇井数 74 口，平均有效储层厚度 5.2m，孔隙度 12.0%，渗透率 0.929mD，含气饱和度 64.5%；Ⅲb 类有利区分布面积最大，钻遇井数达 169 口，平均有效储层厚度 3.2m，孔隙度 10.2%，渗透率 0.562mD，含气饱和度 56.8%（表 8-5）。

表 8-5　苏里格气田东区盒 $_8^{上}$ 段有利区分类评价

有利区 类别	面积 / km²	钻遇井数 / 口	平均有效储层厚度 / m	孔隙度 / %	渗透率 / mD	含气饱和度 / %
Ⅰ	23.92	25	10.6	13.4	1.146	70.1
Ⅱ	48.44	22	7.1	12.2	0.991	67.5
Ⅲa	188.22	74	5.2	12.0	0.929	64.5
Ⅲb	2250.51	169	3.2	10.2	0.562	56.8

5）盒 $_7$ 段

盒 $_7$ 段为苏里格气田东区兼顾层位之一，储层发育规模较小，局部富集。Ⅰ类有利区面积仅 6.65km²，钻遇井数 3 口，平均有效储层厚度 12.3m，孔隙度 12.9%，渗透率 1.036mD，含气饱和度 60.3%；Ⅱ类有利区面积 19.17km²，钻遇井数 5 口，平均有效储层厚度 7.4m，孔隙度 11.5%，渗透率 0.743mD，含气饱和度 56.8%；Ⅲa 类有利区面积 111.81km²，钻遇井数 16 口，平均有效储层厚度 6.0m，孔隙度 11.1%，渗透率 0.687mD，含气饱和度 57.7%；Ⅲb 类有利区面积最大，钻遇井数 37 口，平均有效储层厚度 3.5m，孔隙度 10.0%，渗透率 0.446mD，含气饱和度 54.5%（表 8-6）。

表8-6　苏里格气田东区盒$_7$段有利区分类评价

有利区类别	面积/km²	钻遇井数/口	平均有效储层厚度/m	孔隙度/%	渗透率/mD	含气饱和度/%
Ⅰ	6.65	3	12.3	12.9	1.036	60.3
Ⅱ	19.17	5	7.4	11.5	0.743	56.8
Ⅲa	111.81	16	6.0	11.1	0.687	57.7
Ⅲb	1990.75	37	3.5	10.0	0.446	54.5

6）盒$_6$段

盒$_6$段储层发育规模小。Ⅱ类有利区面积 15.45km²，钻遇井数 7 口，平均有效储层厚度 9.7m，孔隙度 11.1%，渗透率 0.854mD，含气饱和度 58.6%；Ⅲa 类有利区面积 66.71km²，钻遇井数 13 口，平均有效储层厚度 6.7m，孔隙度 11.2%，渗透率 0.754mD，含气饱和度 53.4%；Ⅲb 类有利区面积最大，钻遇井数 40 口，平均有效储层厚度 3.3m，孔隙度 9.5%，渗透率 0.492mD，含气饱和度 54.8%（表 8-7）。

表8-7　苏里格气田东区盒$_6$段有利区分类评价

有利区类别	面积/km²	钻遇井数/口	平均有效储层厚度/m	孔隙度/%	渗透率/mD	含气饱和度/%
Ⅱ	15.45	7	9.7	11.1	0.854	58.6
Ⅲa	66.71	13	6.7	11.2	0.754	53.4
Ⅲb	1630.87	40	3.3	9.5	0.492	54.8

7）盒$_4$段

盒$_4$段为苏里格气田东区兼顾层位之一，储层发育规模较小，局部富集。Ⅰ类有利区面积仅 4.49km²，钻遇井数 6 口，平均有效储层厚度 16.2m，孔隙度 11.2%，渗透率 0.713mD，含气饱和度 58.2%；Ⅱ类有利区面积 32.44km²，钻遇井数 16 口，平均有效储层厚度 9.4m，孔隙度 11.7%，渗透率 0.657mD，含气饱和度 57.7%；Ⅲa 类有利区面积 143.40km²，钻遇井数 32 口，平均有效储层厚度 6.1m，孔隙度 11.2%，渗透率 0.626mD，含气饱和度 55.6%；Ⅲb 类有利区面积最大，钻遇井数 61 口，平均有效储层厚度 3.7m，孔隙度 9.8%，渗透率 0.526mD，含气饱和度 55.0%（表 8-8）。

表8-8 苏里格气田东区盒₄段有利区分类评价

有利区类别	面积/km²	钻遇井数/口	平均有效储层厚度/m	孔隙度/%	渗透率/mD	含气饱和度/%
I	4.49	6	16.2	11.2	0.713	58.2
II	32.44	16	9.4	11.7	0.657	57.7
III a	143.40	32	6.1	11.2	0.626	55.6
III b	1430.49	61	3.7	9.8	0.526	55.0

2. 叠合有利区分布

苏里格气田东区储层总体致密，有效储层分布零散。有效储层主要发育在盒₈下段和山₁段，I类、II类有利区分布范围较广；其次为山₂段，但其主要为III a类有利区；其他层段有利区分布范围有限，且以III a类有利区为主（图8-5）。

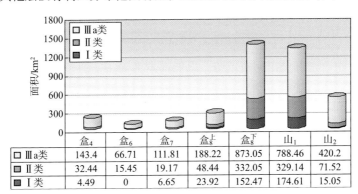

图8-5 苏里格气田东区上古生界各层段有利区分类评价成果对比

从苏里格气田东区上古生界III a类以上有利区叠置图可以看出，虽单层有利区分布零散，但有利区多层叠置在平面上分布范围较广。

在该区上古生界III a类以上有利区叠置图基础上，依据储层发育特征，将有利区分为三类。

（1）I类：面积403.7km²，占研究区总面积的8.5%。

（2）II类：面积656.9km²，占研究区总面积的13.9%。

（3）III类：面积1663.7km²，占研究区总面积的35.1%。

8.2 下古生界有利区分层筛选

钻遇苏里格气田东区下古生界有效储层井的产量较高，在钻遇下古生界井中，56 口井单试有效储层厚度与无阻流量相关性好，有效储层厚度大于 2m，无阻流量即可大于 $1 \times 10^4 \mathrm{m^3/d}$，故本书以 2m 有效储层厚度作为标准筛选相对富集区（图 8-6）。

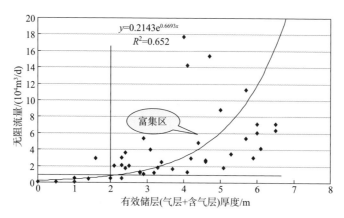

图 8-6 苏里格气田东区下古生界有效储层厚度与无阻流量关系

苏里格气田东区下古生界储层集中分布在东南部，其中南部储层物性较好，有利区分布集中，东部储层相对致密，以局部发育为主。通过研究，落实马 $_5^{1+2}$ 段有利区面积 457.7km²，马 $_5^4$₁ 段有利区面积 713.2km²，下古生界叠合有利区面积 963km²。

下古生界储层非均质性强，井控程度低，目前马 $_5^4$₁ 地层线以内尚未落实的区域仍具有较大潜力，建议对其部署评价井进一步落实有利区分布。

8.3 叠合有利区筛选

苏里格气田东区上古生界有利区面积合计 2724.3km²，占总面积的 57.5%，其中 I 类 + II 类有利区面积合计 1060.6km²，占研究区总面积的 22.4%。下古生界叠合有利区面积 963km²。苏里格东区上古生界、下古生界（上下古）叠合有利区面积 2972.8km²。

依据有利区的发育特征，可将苏里格气田东区划分成四个区域：

召 93—陕 235 井区：上下古叠合有利区，储层均发育较好。该区面积 1178.2km²，井控程度高，共有各类完钻井 407 口，上古生界 I 类有利区面积 193.3km²，区内完钻 96 口井；II 类有利区面积 265.3km²，区内完钻 112 口井；III 类有利区面积 364.8km²，区内完钻 120 口井，上古生界有利区面积占全区面积的 69.9%。该区下古生界马 $_5^4$₁ 地层保存相对完整，下古生界马 $_5^{1+2}$ 有利区面积

225.5km^2，钻遇井数 42 口；马$_{5_1}^4$有利区面积 451.2km^2，钻遇井数 83 口，下古生界有利区叠合面积 627km^2，占全区面积的 53.2%。

召 38—召 10 井区：以发育上古生界储层为主。该区面积 736.9km^2，共有完钻井 251 口，上古生界 I 类有利区面积 157.1km^2，区内完钻 82 口井；Ⅱ类有利区面积 135.1km^2，区内完钻 60 口井；Ⅲ类有利区面积 250.7km^2，区内完钻 57 口井，上古生界有利区面积占全区面积的 73.7%。

统 21—榆 33 井区：井控程度低，有较大的潜力。该区面积 1513.3km^2，根据目前认识，初步确定上古生界 I 类有利区面积 39.6km^2，区内完钻 10 口井；Ⅱ类有利区面积 123.9km^2，区内完钻 16 口井；Ⅲ类有利区面积 529.3km^2，区内完钻 15 口井，上古生界有利区面积占全区面积的 45.8%。该区下古生界地层保存相对完整，但储层也相对致密，初步筛选马$_{5_1}^4$有利区面积 262.8km^2，该范围内完钻 8 口井；马$_5^{1+2}$有利区面积 232.2km^2，该范围内完钻 8 口井，叠合有利区面积 433.6km^2，占全区面积的 28.7%。

召 65—召 79 井区：上古生界潜力区，井控程度较低，仍需要进一步评价。该区面积 1311.6km^2，根据目前认识，初步确定上古生界 I 类有利区面积 13.7km^2，区内完钻 6 口井；Ⅱ类有利区面积 132.6km^2，区内完钻 23 口井；Ⅲ类有利区面积 518.9km^2，区内完钻 32 口井，上古生界有利区面积占全区面积的 50.7%。

参考文献

［1］关德师,牛嘉玉.中国非常规油气地质 [M].北京:石油工业出版社,1995.

［2］邹才能,张国生,杨智,等.非常规油气概念、特征、潜力及技术——兼论非常规油气地质学 [J].石油勘探与开发,2013,40(4):385-399.

［3］McGlade C, Speirs J, Sorrell S. Unconventional gas-a review of regional and global resource estimates[J]. Energy,2013,55: 571-584.

［4］邹才能,杨智,何东博,等.常规 - 非常规天然气理论、技术及前景 [J].石油勘探与开发,2018,45(4):575-587.

［5］杨涛,张国生,梁坤,等.全球致密气勘探开发进展及中国发展趋势预测 [J].中国工程科学,2012,14(6):64-68+76.

［6］卢涛,刘艳侠,武力超,等.鄂尔多斯盆地苏里格气田致密砂岩气藏稳产难点与对策 [J].天然气工业,2015,35(6):43-52.

［7］孙龙德,邹才能,贾爱林,等.中国致密油气发展特征与方向 [J].石油勘探与开发,2019,46(6):1015-1026.

［8］李鹭光.中国天然气工业发展回顾与前景展望 [J].天然气工业,2021,41(8):1-11.

［9］Ehrenberg S N. Relationship between diagenesis and reservoir quality in sandstones of the Garn Formation, Haltenbanken, mid-Norwegian continental shelf [J]. AAPG bulletin, 1990, 74(10): 1538-1558.

［10］Chen L, Lu Y, Wu J, et al. Sedimentary facies and depositional model of shallow water delta dominated by fluvial for Chang 8 oil-bearing group of Yanchang Formation in southwestern Ordos Basin, China[J]. Journal of Central South University, 2015, 22(12): 4749-4763.

［11］蒋平,穆龙新,张铭,等.中石油国内外致密砂岩气储层特征对比及发展趋势 [J].天然气地球科学,2015,(6):1095-1105.

［12］顾家裕,张兴阳.油气沉积学发展回顾和应用现状 [J].沉积学报,2003(1):137-141.

［13］李忠,韩登林,寺建峰.沉积盆地成岩作用系统及其时空属性 [J].岩石学报,2006,4(8):2151-2164.

[14] 李海燕,彭仕宓.苏里格气田低渗透储层成岩储集相特征[J].石油学报,2007,28(3):100-104.

[15] Morad S, Al-Ramadan K, Ketzer J M, et al. The impact of diagenesis on the heterogeneity of sandstone reservoirs: A review of the role of depositional facies and sequence stratigraphy [J]. AAPG bulletin, 2010, 94(8): 1267-1309.

[16] 曾洪流.地震沉积学在中国:回顾和展望[J].沉积学报,2011,29(3):417-426.

[17] 何自新,付金华,席胜利,等.苏里格大气田成藏地质特征[J].石油学报,2003,24(2):6-12.

[18] 姜福杰,庞雄奇,武丽.致密砂岩气藏成藏过程中的地质门限及其控气机理[J].石油学报,2010,31(1):49-54.

[19] 何东博,应凤祥,郑浚茂,等.碎屑岩成岩作用数值模拟及其应用[J].石油勘探与开发,2004,6(6):66-68.

[20] 邹才能,陶士振,周慧,等.成岩相的形成、分类与定量评价方法[J].石油勘探与开发,2008,35(5):526-540.

[21] 张金亮,张鹏辉,谢俊,等.碎屑岩储集层成岩作用研究进展与展望[J].地球科学进展,2013,28(9):957-967.

[22] 呼延钰莹,姜福杰,庞雄奇,等.鄂尔多斯盆地东缘康宁地区二叠系致密储层成岩作用与孔隙度演化[J].岩性油气藏,2019,31(2):56-65.

[23] 郭轩豪,谭成仟,赵军辉,等.成岩作用对致密砂岩储层微观结构的影响差异——以鄂尔多斯盆地姬塬和镇北地区长7段为例[J].天然气地球科学,2021,32(6):826-835.

[24] 朱国华.碎屑岩储集层孔隙的形成、演化和预测[J].沉积学报,1992,10(6):114-123.

[25] 胡志明,把智波,熊伟,等.低渗透油藏微观孔隙结构分析[J].大庆石油学院学报,2006,9(3):51-53+148-149.

[26] 公言杰,柳少波,朱如凯,等.致密油流动孔隙度下限——高压压汞技术在松辽盆地南部白垩系泉四段的应用[J].石油勘探与开发,2015,42(5):681-688.

[27] 杨正明,张亚蒲,李海波,等.核磁共振技术在非常规油气藏的应用基础[J].地球科学,2017,42(8):1333-1339.

[28] 郑可,徐怀民,陈建文,等.低渗储层可动流体核磁共振研究[J].现代地质,2013,27(3):710-718.

[29] 田波,陈方鸿,胡宗全.岩性控制下的测井储集层参数评价与预测——以鄂尔多斯盆地南部上古生界碎屑岩储集层为例[J].石油勘探与开发,2003,11(6):75-77.

[30] 李进步,李娅,张吉,等.苏里格气田西南部致密砂岩气藏资源评价方法及评价参数的影响因素[J].石油与天然气地质,2020,41(4):730-743+762.

[31] 程立华,郭智,孟德伟,等.鄂尔多斯盆地低渗透—致密气藏储量分类及开发对策[J].天

然气工业,2020,40(3):65-73.

[32] 杨正明,张英芝,郝明强,等.低渗透油田储层综合评价方法[J].石油学报,2006,10(2): 64-67.

[33] 吴胜和,杨延强.地下储层表征的不确定性及科学思维方法[J].地球科学与环境学报, 2012,34(2):72-80.

[34] 涂乙,谢传礼,刘超,等.灰色关联分析法在青东凹陷储层评价中的应用[J].天然气地球 科学,2012,23(2):381-386.

[35] 叶礼友,钟兵,熊伟,等.川中地区须家河组低渗透砂岩气藏储层综合评价方法[J].天然 气工业,2012,32(11):43-46+116-117.

[36] Ranjbar-Karami R, Shiri M. A modified fuzzy inference system for estimation of the static rock elastic properties: A case study from the Kangan and Dalan gas reservoirs, South Pars gas field, the Persian Gulf [J]. Journal of Natural Gas Science and Engineering, 2014, 21: 962-976.

[37] Ghadami N, Rasaei M R, Hejri S, et al. Consistent porosity - permeability modeling, reservoir rock typing and hydraulic flow unitization in a giant carbonate reservoir [J]. Journal of Petroleum Science and Engineering, 2015, 131: 58-69.

[38] Liang T, Chang Y, Xiaofei G, et al. Influence factors of single well's productivity in the Bakken tight oil reservoir, Williston Basin [J]. Petroleum Exploration and Development, 2013, 40(3): 383-388.

[39] 朱伟,顾韶秋,曹子剑,等.基于模糊数学的滨里海盆地东南油气储层评价[J].石油与天 然气地质,2013,34(3):357-362.

[40] 郭智,贾爱林,何东博,等.鄂尔多斯盆地苏里格气田辫状河体系带特征[J].石油与天然 气地质,2016,37(2):197-204.